身边的科学

厨房里的秘密

丁晗 刘鹤◎编著　王远洋◎绘

吉林科学技术出版社

图书在版编目（CIP）数据

厨房里的秘密 / 丁晗，刘鹤编著；王远洋绘．--
长春：吉林科学技术出版社，2021.12
（身边的科学）
ISBN 978-7-5578-8438-3

Ⅰ．①厨… Ⅱ．①丁… ②刘… ③王… Ⅲ．①餐具－
少儿读物②调味料－少儿读物 Ⅳ．① TS972.23-49
② TS264-49

中国版本图书馆 CIP 数据核字 (2021) 第 153735 号

身边的科学：厨房里的秘密
SHENBIAN DE KEXUE:CHUFANG LI DE MIMI

编　著	丁　晗　刘　鹤
绘　者	王远洋
出 版 人	宛　霞
责任编辑	吕东伦　石　焱
书籍装帧	吉林省禹尧科技有限公司
封面设计	吉林省禹尧科技有限公司
幅面尺寸	167 mm×235 mm
开　本	16
字　数	130 千字
页　数	128
印　张	8
印　数	1-7000 册
版　次	2021 年 12 月第 1 版
印　次	2021 年 12 月第 1 次印刷

出　版	吉林科学技术出版社
发　行	吉林科学技术出版社
地　址	长春净月高新区福祉大路 5788 号出版大厦 A 座
邮　编	130118
发行部电话 / 传真	0431-81629529　81629530　81629531
	81629532　81629533　81629534
储运部电话	0431-86059116
编辑部电话	0431-81629380
印　刷	长春百花彩印有限公司

书　号	ISBN 978-7-5578-8438-3
定　价	29.80 元

主要人物介绍：

奇奇是某科学小学的学生，热爱科学，善于思考。

L博士是某科学实验室的科研人员。她热爱科学，喜欢孩子。

这本书主要包括三部分内容：

第一部分
食物和厨房用品的制作流程。介绍它们的基本制作过程和关键环节。

第二部分
知识小贴士。提示小读者食物制作过程中需要掌握的技巧或其中包含的科学知识。

第三部分
附录。如果在正文当中碰到了不太懂的专有名词，可以到附录中学习。

简介
每个孩子的心里都保有一份好奇。他们会问各种各样的问题，大到宇宙爆炸，小到微生物繁殖，这正体现出孩子们对科学知识的渴求。因此，我们尝试改变人们对科普图书深奥、刻板的印象，从身边的食物和物品入手，以图文并茂的形式呈现最轻松、有趣的科普知识。

目　录

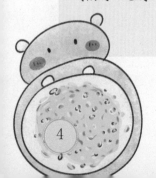

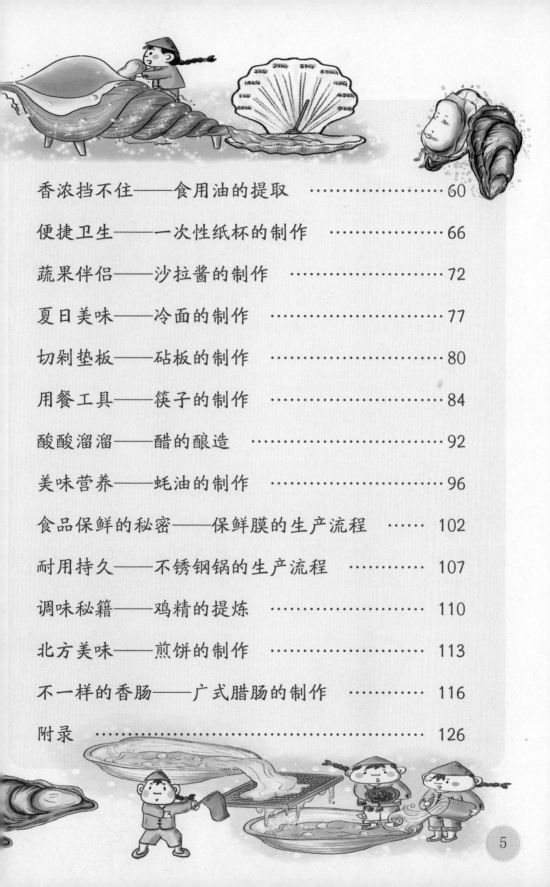

听奇奇说，最近，L博士在实验室中忙得昏天暗地，都快一周了还没回家。奇奇妈妈听了，赶紧让奇奇给L博士送点辣白菜。L博士非常感谢奇奇妈妈，并称之为"辣白菜友谊"！在韩国做学术交流的时候，L博士突然发现了辣白菜的魅力！快和妈妈一起做美味的辣白菜，品尝一下吧！

原料：大白菜、辣椒、梨、苹果、蒜、姜等。

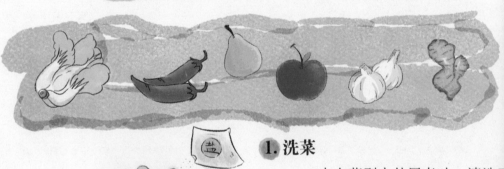

1. 洗菜

大白菜剥去外层老叶，清洗干净后，均匀地撒上盐。腌制3～5小时，用清水洗干净，沥干水分。

2. 备料

姜、蒜、苹果和梨剁成末儿备用。制作辣白菜时加入水果，能够改善姜、蒜和辣椒带来的辣味。

3. 调料

根据自己的口味，在碗中加入辣椒面、盐和味精。然后放入适量凉开水，搅拌均匀。

4. 抹料

再把姜、蒜、苹果和梨的末儿倒入辣椒面中，调成辣椒糊，开始腌菜，从最内层开始，把调好的辣椒糊抹在菜叶上。

5. 腌制

　　准备一个干净的带盖容器，将涂抹好的整棵或半棵白菜装进去，密封好后放到阴凉处保存。一般3～5天后，就可以享用美味的辣白菜啦！

你知道吗？

　　辣白菜是朝鲜族的传统美食。它属于发酵食品，口感辣、脆、酸、甜，十分爽口开胃。

　　白菜含有丰富的粗纤维，常吃不但能润肠、促进排毒，还有利于肠胃消化。

　　辣白菜中含有丰富的营养，比如维生素A、维生素C、钙等。

面食好友——活性干酵母的制作

　　清晨，奇奇被一阵扑鼻的香味"叫醒"。他顺着香味走到厨房，看到妈妈正坐着看表，而香味正是从锅里飘出来的。奇奇问："妈妈，做了什么好吃的，这么香？"妈妈说："牛肉胡萝卜馅儿大包子，我正看表计时呢！"奇奇高兴地赶紧去洗漱，他要大吃一顿！桌子上，放着妈妈和面时未用完的酵母。没有这样东西，软软白白的包子皮就很难做成啦。那么，酵母是怎么制成的呢？

　　原料：糖蜜（或淀粉）、尿素等。

1. 提纯

糖蜜放入加热罐中，高温加热 2 小时以上，去除糖蜜中的渣滓。

2. 灭菌

将糖蜜倒入灭菌罐中瞬时灭菌。

Tips:

糖蜜是制糖工业的副产品，是一种黑褐色的黏稠液体。

3. 接种

糖蜜的温度降至 30℃ 左右时，接入卡式瓶菌种。发酵液达到一定指标时，转入种子培养罐培养。

4. 发酵

将培养出的菌种导入发酵罐，并加入工艺水和若干化工材料，按照发酵工艺规定的时间和流程进行菌群的发酵。

5. 分离

使用分离机将酵母和水分开，形成酵母乳。

6. 过滤

酵母乳中加入盐水，使用真空转鼓过滤器抽滤，形成酵母泥。

7. 造粒

酵母泥中加入乳化剂。使用造粒机将其挤压成很细的酵母条后，制成酵母粒。

8. 干燥

酵母粒在干燥床中迅速脱水干燥成干酵母。

9. 包装

包装机将定量的干酵母放入包装袋中，直接密封。这就是我们超市中出售的酵母啦！

你知道吗？

酵母是可以食用的、营养丰富的单细胞微生物。它富含蛋白质、碳水化合物、脂类、维生素等营养物质，被称为"取之不尽的营养源"。此外，酵母还能抗衰老、提高人体免疫力。

酵母的用途很广，除了能做面食之外，还能酿酒、制药等。

酸甜美味——果酱的制作

"妈妈，起床啦！我上学都要迟到了！"奇奇边敲妈妈的房门边喊。"哎呀！糟啦！昨天加班太晚，睡过头了！没空做早餐，吃点面包吧！"

奇奇妈妈从冰箱里拿出果酱抹在面包片上，奇奇一边往嘴里塞，一边往门外走。

果酱常与面包一起搭配着吃，那么果酱是如何制作的呢？我们以香橙果酱为例，看看自制果酱的流程吧！

原料：香橙6个、柠檬半个、白砂糖、麦芽糖。

1. 清洗　将香橙洗净备用。

2. 取果肉　将香橙切成两半，用勺子挖出果肉放在碗中。

Tips：要尽量避免挖出白色的橘络。

3. 熬煮　将挖出的果肉和果汁倒入砂锅中，大火烧开。

Tips：熬煮的过程中，要用勺子将果肉压碎，并挑出籽和橘络。

4. 配料　烧开后改小火，加入适量的白砂糖和麦芽糖，并挤入柠檬汁，搅拌均匀。

5. 冷却　待果酱的颜色变深、酱体变浓稠时，就可以关火冷却啦。

6. 保存　将果酱装入耐热玻璃瓶中，放到冰箱内冷藏。

Tips：自制果酱没有添加剂，因此要尽快吃完防止变质。装果酱的玻璃瓶应高温消毒、保持干燥。

超市出售的各种口味的果酱，是由果酱生产厂制作出来的。以苹果酱为例，我们看看果酱厂是如何生产苹果酱的吧！

1. 摘果

将挑选好的苹果人工去除花萼。

2. 切割

通过传送带，将苹果送至削切机削皮，并切割成小块儿。

3. 清洗

苹果块儿通过传送带，进入自动清洗机。

4. 软化

把清洗好的苹果块沥干水分，倒入预煮机煮熟、软化。此时可以闻到浓浓的苹果香味。

5. 打浆

将软化后的苹果放到打浆机中，苹果浆从筛孔中流进真空浓缩锅。

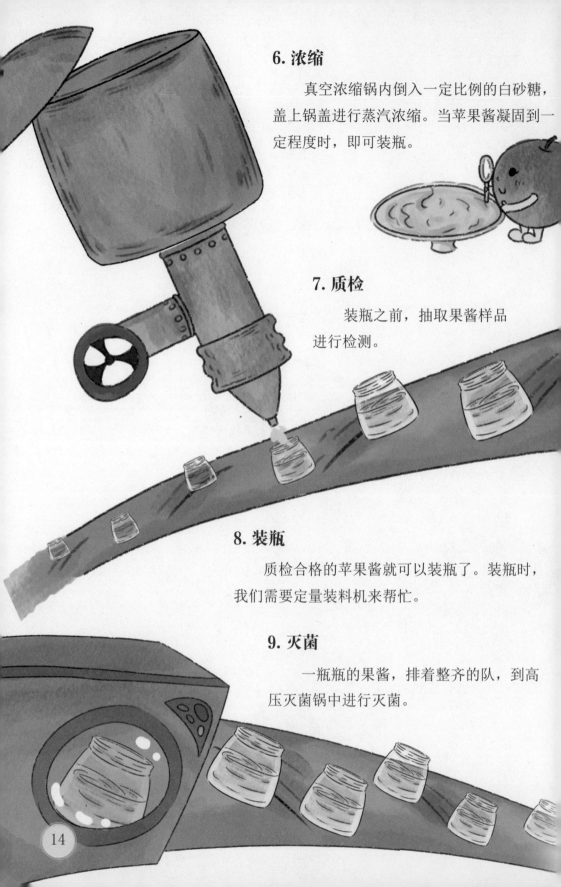

6. 浓缩

真空浓缩锅内倒入一定比例的白砂糖，盖上锅盖进行蒸汽浓缩。当苹果酱凝固到一定程度时，即可装瓶。

7. 质检

装瓶之前，抽取果酱样品进行检测。

8. 装瓶

质检合格的苹果酱就可以装瓶了。装瓶时，我们需要定量装料机来帮忙。

9. 灭菌

一瓶瓶的果酱，排着整齐的队，到高压灭菌锅中进行灭菌。

10. 贴牌

苹果酱贴上美美的品牌商标，就可以运输到超市中出售啦！

你知道吗？

果酱是由水果制成的凝胶状食物，可以搭配面包食用。果酱的营养十分丰富：首先，果酱中含有天然果酸，能够增强食欲，促进消化；其次，果酱含丰富的钾、锌、钙、磷等元素，能够帮助我们消除疲劳，增强记忆力，促进骨骼生长。

在超市里，我们会看到各种各样的果酱，该如何挑选呢？

一看原料，配料表中的原料越简单越好。

二看比例，果酱中水果的比例越高越好。

三看外观，颜色自然、半透明的较好。

辣味调料——芥末的制作

奇奇来到 L 博士的实验室。刚一进门，他就闻到了一股刺鼻的辣味。

"阿嚏！博士，您做什么实验呀，味道这么刺鼻？"奇奇问道。

"实验？哦，不。奇奇，这是我们中午吃的芥末的味道。今天中午，我们和来自日本的同行一起在办公室吃了生鱼片蘸芥末，味道还真不错呢！"

芥末？奇奇第一次听说这种东西。他一定要搞清楚，这究竟是一种什么样的调料。

原料：芥末籽、白醋、白酒、食用盐、白砂糖、植物油等。

1. 选料

选用浅黄色、颗粒较大的芥末籽。

2. 筛选

使用组合式筛选机筛选出颗粒饱满的芥末籽。

3. 水洗

将芥末籽放在清水中冲洗。

4. 浸泡

把芥末籽放在 37℃的水
中浸泡 30 小时。

Tips：浸泡会活化芥末籽中的葡萄糖苷酶（芥子酶），正是
有了这种酶，芥末才会发出独特的辛辣味。浸泡这道工序很
重要，决定着芥末酱品质的优劣。

冰块

5. 粉碎

使用研磨
机将芥末籽磨
碎，研磨时要加
入小小的冰块
儿，使粉碎的温
度保持在 10℃
左右。经过机器
研磨，芥末籽变
成了芥末糊。

Tips：大多数的酶是蛋白质，它们只有在适宜的温度和湿度下才能存活，超出了这个范围，它们就会失去活性。

6. 调酸碱度

一定剂量的白醋倒入芥末糊中，pH 值为 5～6 时停止。

7. 水解

将芥末糊放入夹层锅中，开启蒸汽。芥末糊温度升至 80℃左右时，关闭蒸汽，保温 2～3 小时。

8. 调配

将剩余的原料全部混合后，加入水解的芥末糊，再加入增稠剂，搅拌均匀。

9. 均质

使用胶体磨，将芥末糊磨得更细。

10. 装瓶杀菌

芥末酱装入干净的玻璃瓶或塑料瓶内，放入消毒锅中，进行 30 分钟灭菌消毒。

11. 质检

根据国家相关规定进行质检，合格产品即可贴标销售啦！

你知道吗？

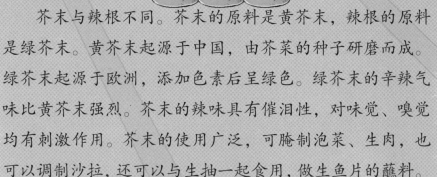

芥末与辣根不同。芥末的原料是黄芥末，辣根的原料是绿芥末。黄芥末起源于中国，由芥菜的种子研磨而成。绿芥末起源于欧洲，添加色素后呈绿色。绿芥末的辛辣气味比黄芥末强烈。芥末的辣味具有催泪性，对味觉、嗅觉均有刺激作用。芥末的使用广泛，可腌制泡菜、生肉，也可以调制沙拉，还可以与生抽一起食用，做生鱼片的蘸料。

日本人喜欢吃的"wasabi"既不是黄芥末也不是绿芥末，它的主要原料是山葵根。由于山葵根价格昂贵，而且难于保存，所以大部分日本料理店会用黄芥末或绿芥末来替代。

高钙素食——豆腐的由来

"妈妈，今晚有什么好吃的呀？"奇奇放下书包，奔向厨房，人未到，声先响。"我给你出一道谜语，你猜猜看是什么。白嫩模样，四四方方，一块一块，做菜做汤。""豆腐！"奇奇脱口而出。"正确！"母子俩一边笑，一边在厨房忙碌着。他们今晚要吃豆腐宴：麻婆豆腐、豆腐肉丸蔬菜汤和铁板煎豆腐。

你喜欢吃豆腐吗？一起来看看豆腐是怎么做成的吧！

原料：黄豆（也可用黑豆和绿豆）、盐卤（或石膏）

1. 挑选 将黄豆倒入筛篮中，去皮去壳并筛掉细小杂质。挑出干瘪和生虫的黄豆。

2. 浸泡 黄豆清洗3遍，洗净后放入水缸内浸泡。

Tips：黄豆浸泡的时间非常关键，过长会导致黄豆失浆，做不成豆腐。

3. 榨浆 使用料理机将黄豆打磨成豆浆。

4. 过滤 第一遍，使用细密的滤网滤除豆渣；第二遍，使用棉布进行过滤。经过两次过滤的豆腐口感更加细腻。

Tips：豆渣富含蛋白质，可以用来做豆渣饼或蒸馒头。

5. 加热 将过滤好的豆浆倒入锅中熬煮。开锅后，撇掉浮沫，再烧两分钟左右关火。

6. 点卤 将盐卤用4倍的水化开，待豆浆晾至85℃左右时开始点卤。点卤就是将盐卤滴入到豆浆中，边滴入边搅拌，直到有豆花出现时停止。

Tips：盐卤，是将海水或盐湖水制盐后残留于盐池内的母液蒸发冷却后析出的结晶。主要成分有氯化镁、硫酸钙、氯化钙及氯化钠等，味苦，有毒。将盐卤溶于水中，成为卤水。用盐卤做凝固剂制成的豆腐，硬度、弹性和韧性较强。注意：卤水一定要缓慢地滴入到豆浆中。

7. 制模 将打湿的纱布铺在正方形的豆腐模具中，再将豆花缓慢倒入模具中，用布将豆花包好，并盖上模具的盖子。

8.成型　　把加压板压到盖子上，帮助豆腐成型。

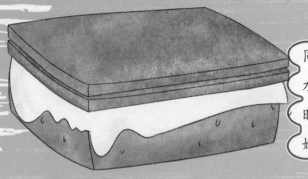

Tips：豆腐的含水量不同口感不同。压得时间长，水分含量少，口感老；压得时间短，水分含量多，口感嫩。

9.脱模　　20分钟左右，将压板取下，打开模具盖子，你会看到一整块豆腐。

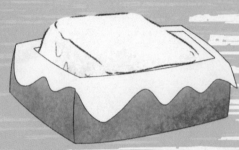

10.切割　　用刀将豆腐切成小块儿，装入盒中，就可以吃啦！

你知道吗？

　　豆腐是有南北之分的，区别在于点豆腐使用的材料不同。南豆腐用石膏点制，凝固的豆腐花含水量为90%左右，质地细嫩；北豆腐用卤水或酸浆点制，凝固的豆腐花含水量为85%左右，质地较南豆腐老，但韧性更足，豆味也更香浓。

豆腐虽好，多吃也有弊，过量食用会危害健康。

豆腐富含铁、钙、磷、镁等人体必需的多种元素，以及碳水化合物、植物油和丰富的蛋白质，素有"植物肉"的美称。两小块豆腐，就能满足普通人一天的钙需求量，对儿童的牙齿和骨骼的生长发育颇为有益。豆腐虽好却也不能过量食用，否则容易引起下列不适：

1. 引起消化不良。豆腐含有丰富的蛋白质，一次食用过多不仅阻碍人体对铁的吸收，而且容易出现腹胀、腹泻等症状。

2. 促使肾功能衰退。人到老年，肾脏排泄废物的能力下降，大量食用豆腐，摄入过多的植物性蛋白质，会使体内生成的含氮废物增多，加重肾脏的负担，使肾功能衰退，不利于身体健康。

3. 促使动脉硬化形成。豆制品中含有丰富的蛋氨酸，在酶的作用下可转化为半胱氨酸，半胱氨酸会损伤动脉管壁内皮细胞，易使胆固醇和甘油三酯沉积于动脉壁上，促使动脉硬化形成。

4. 促使痛风发作。豆腐含嘌呤较多，嘌呤代谢失常的痛风病人和血尿酸浓度较高的患者多食易导致痛风发作，特别是痛风病患者要少食。

豆子的魔法——飘香豆瓣酱

L博士是土生土长的东北人。在她们那旮旯,豆瓣酱是必不可少的调味作料。你一定听说过东北蘸酱菜、酱排骨吧!哎呀,馋得博士的口水都要流出来了!今天,就让她带着奇奇和我们一起去看看飘香豆瓣酱的做法吧!

1. 挑选　　将黄豆粒中坏的、变质的剔除,挑出杂质。

2. 清洗　　用清水将黄豆粒洗净,边清洗边揉搓去皮。

3. 煮熟　　锅内加水,将黄豆粒倒入水中煮熟。

Tips:水要适量,保证黄豆煮熟的同时,锅内无水且不焦糊。

Tips:判断黄豆粒是否煮熟:用手一捻就碎即煮熟。

4. 焖豆　　黄豆成熟后熄火,盖盖儿焖24小时。焖后的黄豆呈红色。

5. 搅碎　　用搅拌机或绞肉机将黄豆搅拌成均匀的豆泥，豆泥可适量带点豆瓣。

6. 成型　　将豆泥放入长方体或圆柱体的模具中，压实成酱坯。

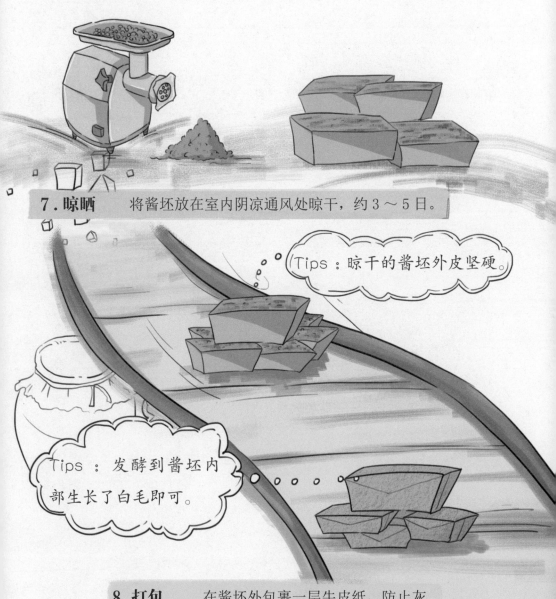

7. 晾晒　　将酱坯放在室内阴凉通风处晾干，约3～5日。

Tips：晾干的酱坯外皮坚硬。

Tips：发酵到酱坯内部生长了白毛即可。

8. 打包　　在酱坯外包裹一层牛皮纸，防止灰尘污染，放在阴凉通风处，等待发酵。

9. 下酱 酱坯发酵好之后，即可以下酱。撕掉酱坯外层的纸，清洗干净，然后切成碎块，放入酱缸中。

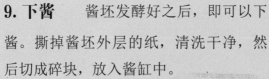

10. 搅拌 将盐和水按照一定的比例倒入酱缸中，与碎酱搅拌均匀，最后用纱布封住缸口。

11. 打耙 将酱缸放置在阳光充足的地方，早晚打耙一次，持续一个月。此间，将打耙产生的泡沫盛出来扔掉。

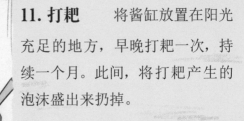

Tips：每天打耙，酱会变得细腻哟！

12. 食用

一个月之后，酱发好了。哇，真的好香！

Tips：要避免发酵过度产生异味。

豆瓣酱的蛋白质吸收率高于大豆。

豆瓣酱富含硒，可延缓衰老、增强免疫力。

豆瓣酱富含碳水化合物，为人体提供能量。

营养价值

豆瓣酱富含铜，益于血液、中枢神经和免疫系统的健康。

豆瓣酱富含钠，维持人体酸碱平衡。

豆瓣酱富含钾，有助于维持神经健康。

满族人做豆瓣酱的历史十分悠久。据史书记载，早在隋唐时期，满族的先人就"以豆为料，制作豆酱"。

努尔哈赤领军作战时，发现将士们常常因盐摄入量不足而体力不支，于是便让军厨制作既方便携带又营养美味的大酱，给战士们食用。这种食酱的传统，一直延续下来。至今，东北地区的人们依然喜欢吃"蘸酱菜"。

满族与豆瓣酱

软软糯糯——年糕的制作

春节到了，奇奇全家去奶奶家过年。奶奶和妈妈在厨房忙着做年夜饭，爷爷和奇奇在客厅下象棋，爸爸作为机动人员，一会儿给爷爷和奇奇倒水，一会去超市买急用的厨房用品。奇奇有点饿了，爸爸给他拿来一块年糕。这可是只有在春节才能吃得到的正宗的年糕！爷爷笑着说："愿我们家奇奇学习成绩节节高！"

年糕是中华民族的传统美食，是古代新年的必备食品，你喜欢吃年糕吗？你知道年糕是怎么做的吗？

原料：糯米粉、水、油。

1. 和面

糯米粉中加入水和油，搅拌均匀。

Tips：边搅拌糯米粉，边缓慢倒入水和油，这样会让糯米粉混合得更加均匀。

2. 蒸煮

取一个较大的不锈钢盆，底部涂上一层花生油，将揉好的面团放在盆中铺平。锅中烧开水，将盆放入锅中隔水大火煮开，中火蒸2个小时左右。

3. 晾凉

打开锅盖，你会看到白色的年糕。晾凉后，刀蘸一点水，切开即可食用。

4. 保存

将年糕切好后，整齐地码放到密封盒中，放入冰箱冷藏保存。

朝鲜族也有一种用糯米制作的食物，叫打糕。打糕的口感跟年糕差不多，但制作方法却不太一样。

原料：糯米、黄豆粉、白砂糖、水。

1. 炒豆面

将黄豆粉和白砂糖按照 1∶1.5 的比例倒入热锅中炒香，作为包裹打糕的粉料。

2. 煮米

将糯米清洗干净，放入锅中煮熟。煮熟后摊平、晾凉。

Tips：水量较煮米饭稍微少一点，这样制作出的打糕更筋道。

3. 打米糕

将糯米放入打糕槽中，用打糕棒边敲打边洒水，直到看不见米粒即可。

4. 塑形

将制作好的打糕放入模具中，或用刀切割成小块儿。

5. 裹料

将打糕放入豆面中滚几圈，美味的打糕就做成啦！

你知道吗？

我国很多地区都有春节吃年糕的习俗。年糕一般有红、黄、白三色，象征着丰衣足食。年糕又称"年年糕"，与"年年高"谐音，寄托着人们对生活品质年年提高的美好愿望。年糕也可作为亲朋好友间相互馈赠的礼品。年糕的原材料糯米具有药用价值，能够补中益气，健脾养胃，对于食欲不佳、腹胀腹泻具有缓解作用。但不宜多吃，否则反而会引起消化不良。

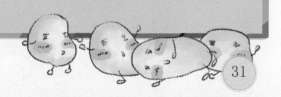

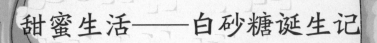

甜蜜生活——白砂糖诞生记

大家都知道奇奇喜欢吃糖。可是他的妈妈对此事是严格控制的。不过，奇奇还是常常能吃到甜的食物。比如糖醋排骨、拔丝地瓜等。白砂糖是烹饪的常用调料，厨房必不可少。

一起看看白砂糖的制作方法吧！

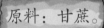

原料：甘蔗。

1. 选料

为保证出糖率和纯度，刚刚收割的成熟甘蔗要马上送到加工厂。

2. 粉碎

将长长的甘蔗放入粉碎机，粉碎成碎末，即蔗料。

3. 压榨

将蔗料倒入压榨机，压榨出甘蔗汁。

4. 加热

将甘蔗汁进行加热，蒸发出多余的水分，形成糖浆。

5. 添加澄清剂

在糖浆中加入澄清剂后，进行二次加热。

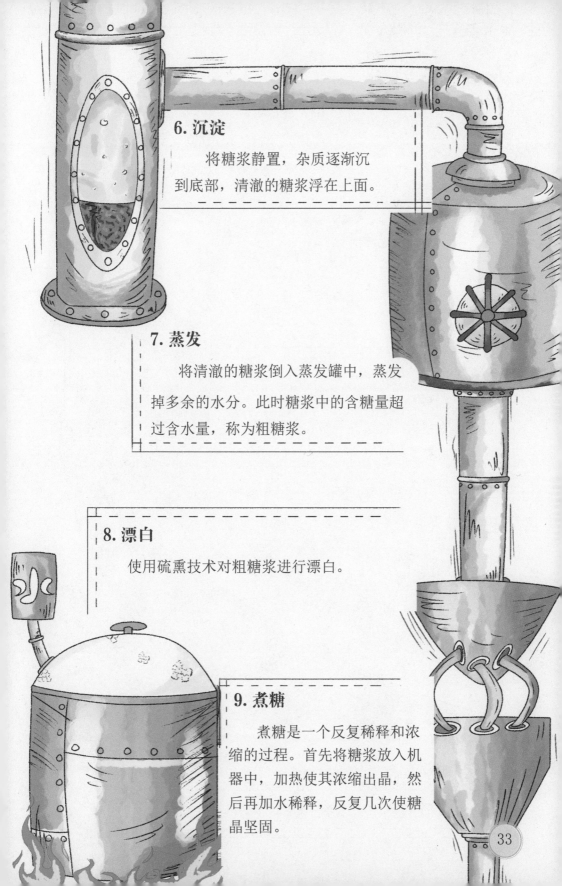

6. 沉淀

将糖浆静置，杂质逐渐沉到底部，清澈的糖浆浮在上面。

7. 蒸发

将清澈的糖浆倒入蒸发罐中，蒸发掉多余的水分。此时糖浆中的含糖量超过含水量，称为粗糖浆。

8. 漂白

使用硫熏技术对粗糖浆进行漂白。

9. 煮糖

煮糖是一个反复稀释和浓缩的过程。首先将糖浆放入机器中，加热使其浓缩出晶，然后再加水稀释，反复几次使糖晶坚固。

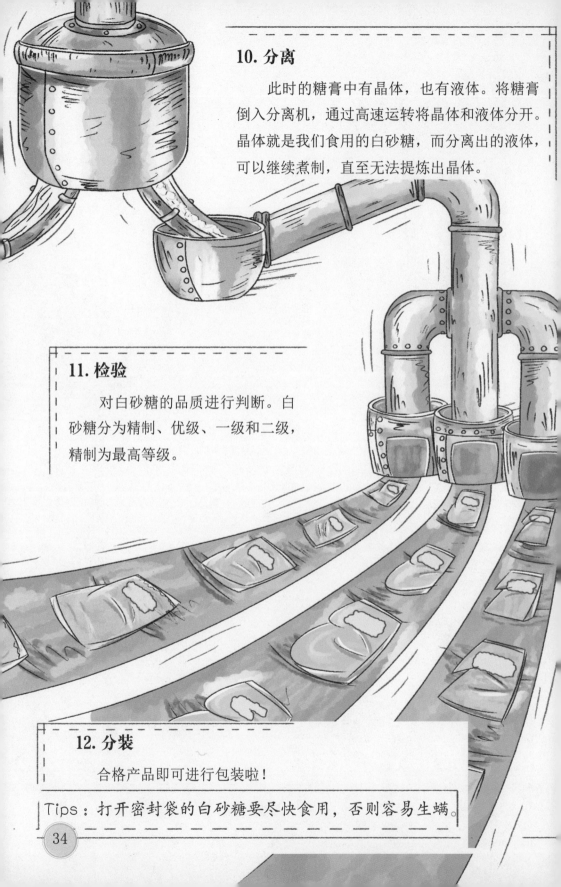

10. 分离

此时的糖膏中有晶体，也有液体。将糖膏倒入分离机，通过高速运转将晶体和液体分开。晶体就是我们食用的白砂糖，而分离出的液体，可以继续煮制，直至无法提炼出晶体。

11. 检验

对白砂糖的品质进行判断。白砂糖分为精制、优级、一级和二级，精制为最高等级。

12. 分装

合格产品即可进行包装啦！

Tips：打开密封袋的白砂糖要尽快食用，否则容易生螨。

你知道吗？

白砂糖味甘，性平，有润肺生津、止咳等功效，适度地食用有利于体内钙的吸收。

白砂糖、绵白糖、赤砂糖和冰糖兄弟几个，都遗传着"糖爸""糖妈"的基因。

白砂糖和绵白糖最要好。他们一个个头大，一个个头小。一个棱角分明，一个软绵细腻。

冰糖是在白砂糖的基础上，进行更加复杂的工艺加工出来的食用糖。越透明的冰糖越纯净，质量也越好。

赤砂糖（红糖、黑糖）没有制作白砂糖的工艺复杂，保留了蔗糖中更多的营养成分，但杂质也更多。

35

美味必备——酱油的酿造过程

今天，L博士去奇奇家做客。热情的奇奇妈妈准备了丰盛的饭菜。一桌子的美味中，L博士对酱油炒饭情有独钟。"吃过很多种炒饭，但今天这么好吃的炒饭还是第一次吃到！"L博士赞不绝口。

酱油是我国传统的调味品之一，是用豆、麦、麸皮酿造的液体调味品。酱油色泽红褐，酱香独特，滋味鲜美，是现代厨房必不可少的调味品。

原料：黄豆、食盐、糖

1. 浸泡

盆中倒入黄豆，加入一倍的清水，浸泡1小时左右。

Tips：浸泡时间要掌握好，过短影响蛋白质吸收水分，过长蛋白质将变酸。一般豆皮起皱纹即可。

2. 过滤

将浸泡好的黄豆清洗干净，倒入箩筐中沥干水分。

3. 蒸豆

将黄豆置于蒸锅内。水开后，继续蒸煮4～6小时。

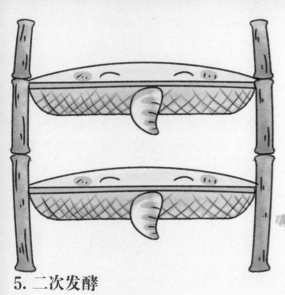

4. 发酵

待蒸熟的黄豆冷却后，摊铺于竹篱上，室内发酵 6 天。在发酵 3 天后，翻搅一次，使其发酵均匀。

Tips：发酵要求室内清洁、密闭，温度在 37℃以上。

5. 二次发酵

当发酵的黄豆表面出现黄绿色的曲霉和酵母菌时取出，倒入缸内，加入清水充分搅拌。搅拌均匀后，倒出多余的水分，放入竹篓内，盖上棉布，继续发酵 8 小时。当手插进黄豆有热感、鼻闻有酱油香味时，即可停止发酵。

Tips：按每 100 千克黄豆加 40 千克清水的比例添加即可。

6. 酿制

将发酵好的黄豆装入木桶，加入定量的食盐、清水进行酿制。装一层黄豆，撒一层食盐，泼一次清水，这样交替地装进木桶内，然后盖上桶盖。

Tips：木桶中的最上层应为食盐，最下方应设置出油眼。

7. 出油

　　4个月以后，拔掉出油眼的木塞，在接口处套上尼龙丝网，过滤出酿制好的液体，装入新的桶中。按一定比例配兑盐水，分几次倒入新桶中，此时从出油眼流出的即为酱油半成品。

　　Tips：一般每100千克黄豆可酿制酱油300千克。

8. 制作糖浆

　　按照100∶4的比例，将糖和清水倒入锅中，用旺火煮至色泽乌黑、无甜味并略带苦味。

9. 加入糖浆

　　按照每100千克酱油使用12千克糖浆的比例，将糖浆倒入酱油中搅拌均匀。

10. 曝晒、质检与包装

　　酱油放入大桶内装好，置于阳光下曝晒10～20天。质检合格的产品即可包装上市。

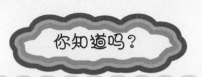

在我国古代，酱油是专供皇帝食用的宫廷御用调味品。那时的酱油由鲜肉腌制而成，后来，人们发现大豆可以制成风味类似的调味品，酱油才广泛流传。古时候，制作酱油是家传的秘方，重要工序由多人把持，十分神秘。现在，酱油已经工业化生产，其配方和流程也不算什么"高度机密"了。根据酱油的颜色，一般将酱油分为老抽和生抽：生抽较咸，用于提鲜；老抽较淡，用于提色。

酱油的鲜味和营养价值决定了级别的高低。一般来说，氨基酸态氮含量越高，酱油的等级越高，品质越好。根据我国酿造酱油的标准，酱油等级可分为四级：

特级	氨基酸态氮 ≥ 0.8g/100ml
一级	氨基酸态氮 ≥ 0.7g/100ml
二级	氨基酸态氮 ≥ 0.55g/100ml
三级	氨基酸态氮 ≥ 0.4g/100ml

质量等级：二级
氨基酸态氮：0.56g/100ml

快去厨房找一找，看看家里的酱油是什么类型的，几级的呢？

五味之"咸"——盐从哪来？

"哎呀，好咸！"奇奇跟L博士同时喊道。

今天，他们一起在研究所的食堂吃饭。看来今天的菜，厨师没有掌握好盐的用量，两个人都觉得很咸。盐是一种神奇的调味料，家家都有，多了不行，但少了也不行。现在，我们就一起看看，盐是怎么做出来的吧！盐的制作原料是海水、井水或湖水。我们以海水为例，看看海盐的制作流程。

1. 引水纳潮

海水涨潮时，顺着引潮沟流入蒸发池。

2. 蒸发制卤

在日光的照射下，海水每天蒸发，卤水中盐的浓度越来越高。

3. 结晶

盐的浓度达到饱和时，以晶体的形式析出。没有结晶的部分，可以留在池中继续提高浓度。

4. 收盐

结晶到一定程度时，就可以收盐啦。

5. 溶解杂质

将粗盐放在容器中，放入一定量的水进行搅拌，使其溶解。

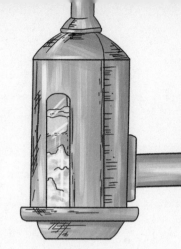

6. 过滤

通过滤网，过滤掉盐水中的不溶物质。

7. 除杂

这一过程，需L博士提供技术支持啦！

Tips：盐水中，含有一些硫酸根离子、镁离子、钙离子、钡离子等化学物质。要想去除它们，就需要用到L博士的化学试剂。

8. 二次过滤

过滤掉加入化学物质后形成的不溶于水的杂质。

9. 加热蒸发

将盐水进行加热，蒸发掉水分后形成的晶体，便是可以食用的精盐。

41

我国地域辽阔，东部盛产海盐，中部产井盐，而西部则出湖盐。制盐之法古已有之，有些城市因盐而兴盛，因盐而闻名，比如四川的自贡被誉为盐都，山西的运城因"盐运之城"而得名。

古人总结出开门七件事：柴米油盐酱醋茶，可见盐对生活的重要性。制盐的历史很悠久，人类在文明的初期阶段，就学会了利用海水制盐。

盐不仅仅是一种调味品，还曾是祭祀用品。虎形盐是自然结晶成老虎形状的盐，象征国家的威严，被当作祭祀活动的珍品。在周朝，诸侯朝拜周天子时使用虎形盐，一直到清朝，这种盐都是国家礼仪的象征。

到了十九世纪二十年代化学工业兴起之时，人们将盐进一步加工为盐酸、烧碱和纯碱等作为基本的化工材料。

现在，我们以盐为基础材料，发明了更多的盐制品，丰富了我们的生活，比如浴盐、泡脚盐、除垢盐、融雪盐等。盐在医药、工业和农牧业方面也发挥着重要作用。盐甚至还可以铺设公路、铁路。

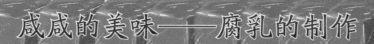

奇奇的爸爸患了重感冒，请假在家卧床休息。

"亲爱的，晚餐想吃点什么呢？"妈妈关切地问爸爸。

"我想吃腐乳和大米粥。"爸爸轻轻地说。

奇奇内心大喜，因为腐乳是他的最爱之一呀！妈妈让奇奇去楼下的超市买一瓶腐乳回来，奇奇迅速冲出家门……

1. 切块

将豆腐干用刀切成方块儿，即豆腐坯。要求刀口顺直、不歪不斜、整齐码放。

原料：豆腐干、食盐、黄酒、白酒、香辛料等。

2. 备液

先将毛霉菌活化，再制成毛霉麸曲，然后加适量无菌水制成孢子悬浮液。

44

3. 接菌

　　将豆腐坯置于竹盘内，按"井"字型堆码，每块四周留有空隙，一般3～4层，层数过多会影响通风效果。然后将毛霉孢子悬浮液喷洒于豆腐坯上，放入28～30℃的培养室内培养。

4. 搓毛

　　一段时间之后，豆腐块儿上会长满菌丝。用手将菌丝涂抹均匀，防止腐乳块儿腐烂。

5. 腌坯

　　将食盐均匀地洒在豆腐白坯上，腌制5～7天，制成腌坯。放盐要遵循上层最多、下层最少的原则。

45

5. 红曲卤的制备

先将红曲霉活化，接种于三角瓶液体培养基中。两三天后，将红曲霉接种于已蒸好的籼米饭中拌匀，培养 3～5 天。待米粒呈紫红色后，将其粉碎，这就是红曲。将红曲、面酱、黄酒按一定的比例混合均匀。浸泡 2～3 天后，研磨成浆，并加适量砂糖水和其他香辛料。

6. 红曲酱卤的制备

将蚕豆酱加适量凉盐开水，研磨成浆，再加入红曲卤进行勾兑调色。

7. 装坛

将腌坯每块搓开，分层装入坛内直至装满。将红曲酱卤加入坛内以浸没腌坯为宜，再加适量豆酱，上面铺层薄食盐，并加 50 度的白酒少许，加盖密封。

8. 发酵

此工序为腐乳的入味阶段，常温下一般需要 6 个月，25℃恒温发酵一个月即可成熟。

你知道吗？

腐乳又称豆腐乳，是中国流传数千年的汉族民间传统美食，因其口感好、营养价值高，深受百姓欢迎。

腐乳通常分为青方、红方、白方三大类。其中，臭豆腐属于"青方"，"大块""红辣""玫瑰"等属于"红方"，"甜辣""桂花""五香"等属于"白方"。

切割利器——菜刀的制作

今天晚上，妈妈要做山药玉米排骨汤。厨房里，妈妈忙着剁排骨、剁玉米。剁了一会儿，妈妈累得满头大汗。妈妈对爸爸说："把菜刀磨一下吧，不锋利了。"原来，菜刀是需要磨一磨才锋利呀！菜刀是怎么做成的呢？一起去看看吧！

原料：钢材、塑料。

1. 设计

设计师设计出刀具图纸，生产线根据设计图纸备料。

2. 卷钢

使用钢卷整平机将一卷一卷的钢材拉平。

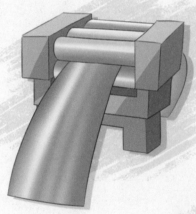

3. 裁剪

将钢材裁剪成大小相等的长方形钢片。

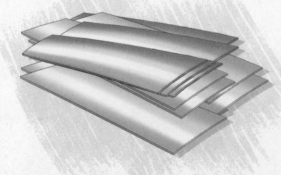

4. 冲压

使用冲压机冲压整块不锈钢钢板，制作成刀模。

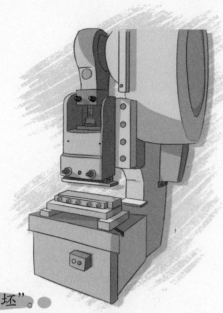

 Tips：这时的刀模叫做"刀坯"。

5. 调直

使用调直机将刀坯调直，调直的目的是防止钢板加热时变形。

6. 打孔

使用钢材打孔器给刀坯打孔。

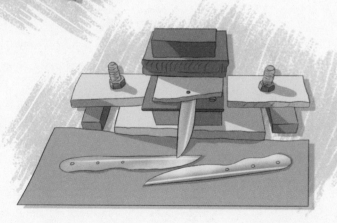

7. 加热

刀坯放入高温熔炉中，加热到 800 ～ 1000℃。

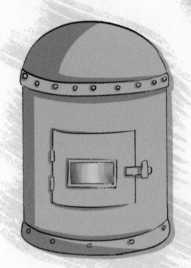

8. 保温

将刀坯放到保温炉中，保温几个小时。

9. 冷却

将刀坯放到水中冷却。

10. 打砂

使用砂轮机和砂带机对刀坯进行打磨，打磨掉锈迹和溢料。

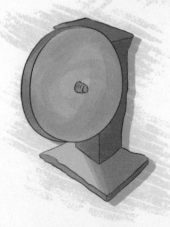

Tips：打磨时，先使用粗砂，再使用细砂。

11. 水磨

使用水磨机对刀坯进一步打磨。

12. 抛光

使用抛光轮给刀坯抛光，使刀坯变得更加光亮。

13. 清洗

清洗池中加入温水和调制好的药水，利用超声波振动清洗器洗掉刀坯表层的污垢。

14. 开利口

使用砂轮机给刀开利口。

Tips：开利口要注意锋利度的测试。

15. 喷砂

使用不锈钢喷砂机将品牌文字、图案喷打出来。

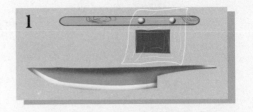

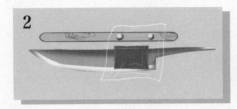

现在，刀的主体部分就制作完成啦！下一步，我们要制作一个塑料刀柄。

1. 注塑

2. 安装

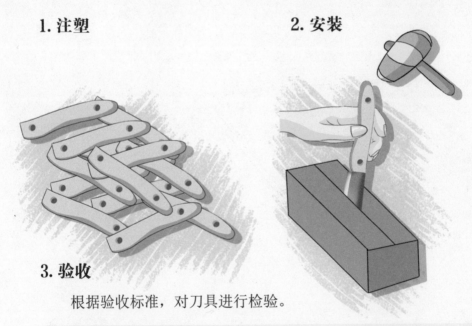

3. 验收

根据验收标准，对刀具进行检验。

4. 抹刀

使用抹布清洁刀具表面的污渍，均匀地涂抹防锈油防止刀面生锈。

5. 包装

按要求将产品的辅助物料，如说明书、防潮剂等一并装入包装盒中。

你知道吗？

一把合格的菜刀需要检验哪些方面呢？

1. 外观检验。外观检验包括整体检验和部分检验。比如测量刀具的长、宽、厚，刀型大小是否一致，抛光是否重影，等等。

2. 功能检验。比如刀刃是否锋利等。

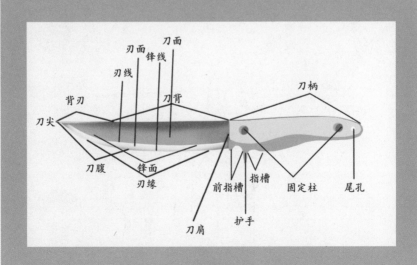

热水之家——暖瓶的制作

冬天到了，妈妈不准奇奇喝凉水。于是，奇奇每次都从暖水瓶中倒热水喝。这个暖水瓶虽然很旧，但保温的效果很好，装入的开水，七八小时后喝也是温热的。妈妈说，在她小的时候，这种暖水瓶是北方的农村家家必备的用品。这种暖水瓶你见过吗？你家里的保温瓶是什么样的？你知道它是怎么制作出来的吗？

原料：石英砂、石灰石、长石、纯碱、银、塑料、木头。

1. 配料

根据配料单，称量石英砂、石灰石、长石、纯碱等各种原料的重量。

2. 搅拌

将原料倒入混料机内，搅拌均匀。

3. 煅烧

将搅拌好的原料放入熔窑内进行高温加热，形成无气泡的玻璃液。

Tips：这个过程十分复杂，包含若干物理和化学反应。

4. 吹瓶

使用全自动吹瓶机，将玻璃液吹出大小两种玻璃瓶，作为外瓶和内瓶。

5. 切割

在外瓶上画出记号线，使用热熔刀切割开，将内瓶放入后再熔接好。

6. 修整

将瓶口接缝处处理圆滑。

7. 接管

使用玻璃熔接机在大玻璃瓶的底部熔接一根玻璃管。

8. 注水

从玻璃管中向内外玻璃的缝隙间注入水，然后排出。

Tips：注水可以检测玻璃管是否密封，也可以清理缝隙间的灰尘。

9. 镀银

从玻璃管向内外玻璃的缝隙间注入镀银液，银离子还原沉积在玻璃夹层表面，形成一层镜面银膜。

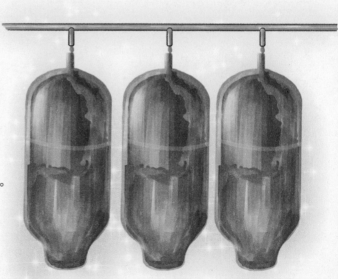

10. 抽取空气

从管尾处抽取出内外玻璃管夹层中的空气，变成真空。

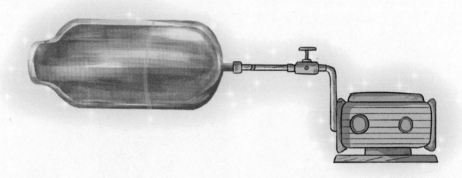

11. 加热

将玻璃管加热到300 ~ 400℃，蒸发掉夹层中的水分。

12. 封管

使用热熔机将玻璃管尾口封住，双层玻璃内胆就制作完成了。

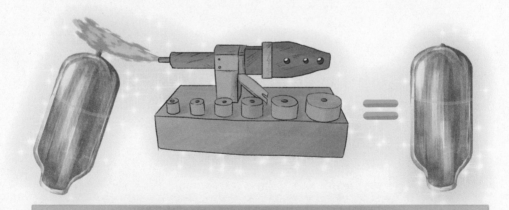

Tips：封尾管时，会熔接起一个小小的凸起。这个凸起一旦破碎，内胆就无法保持真空状态，保温效果会变差。

内胆制作好就可以制作外壳了。我们以塑料材质为例，看看外壳的制作过程。

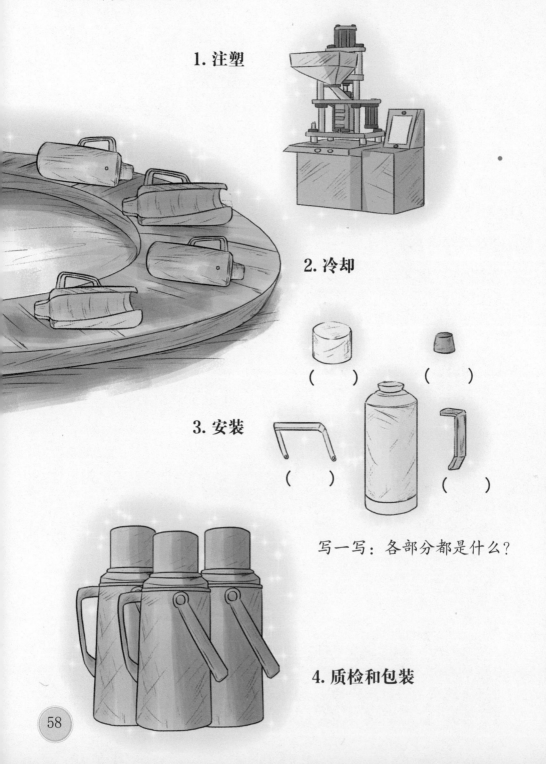

1. 注塑

2. 冷却

（　　）　　　　　（　　）

3. 安装

（　　）　　　　　（　　）

写一写：各部分都是什么？

4. 质检和包装

热水瓶，也叫保温瓶，是英格兰的科学家杜瓦发明的。1900年，他第一次使压缩氢气变成液体，即液态氢。这种东西得用瓶子装起来，可当时并没有现在这样的保温瓶。于是，他采用真空的办法，即做成双层瓶子，把隔层中的空气抽掉，切断传导。可是这样之后热的辐射也会影响保温，于是杜瓦在真空的隔层里又涂了一层银或反射涂料，把热辐射挡回去。再用一个塞子把瓶口堵住。这样热传导的三个方式都被切断了，瓶内胆能较长时间保持温度。他就用这种瓶子储存液态氢。

为什么能保温？

热水瓶的内胆是由玻璃制成的。内胆分为内外两层，中间是真空。瓶胆的内壁镀上一层水银，使瓶胆好像镜子一样可以反光。热辐射碰到这光

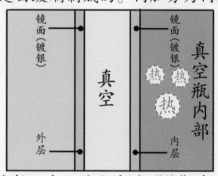

滑的镜面，就会被反射回去，使瓶内的"热"出不去，瓶外的"冷"进不来。热水瓶只能延缓热水变冷，不能绝对地保持水温不变。因此热水瓶的保温时间是有限的，一般不超过一天。

香浓挡不住——食用油的提取

好香啊，妈妈又在做饭啦！奇奇发现，无论炒菜还是炒肉、煎鱼还是炖菜，妈妈都先在锅里放油。甚至包包子、做花卷，都要加一点油进去。那些黄黄亮亮的油一倒进锅内，香味瞬间扩散到整个厨房。这么神奇"万能"的油，是怎么来的呢？我们现在就来了解一下吧！

食用油包括动物油和植物油，其中植物油更为常见。市面上出售的植物油，一般是使用压榨法或浸出法（精炼法）生产出来的。能够制油的原料也有很多，比如大豆、菜籽、花生、玉米、橄榄等。不同的油因原料不同，在沸点、口感、营养价值和储存方法上有所不同。现在，我们就以奇奇喜欢吃的葵花子油为例，看看它是如何使用压榨法被制作出来的吧。

1. 筛选

首先，要对葵花子进行筛选。健康饱满的葵花子被留下成为榨油的油料，干瘪瘦小或变质生虫的则被淘汰掉。

2. 清理

使用清理筛和去石机去除油料中的杂质，如草棍、石子、灰土等，以防杂质磨损榨油机内部零件或影响油的口感。

3. 脱壳

用剥壳机将葵花子的外壳脱掉，只保留里面的籽仁。这样葵花子的出油率更高，油更香。

4. 破碎

使用破碎机将葵花子仁通通搅拌成碎末后，再使用轧胚机轧胚，把里面的油都轧出来。

5. 干炒

先将葵花子末润湿，再放入炒锅中炒干。这时，你能够闻到很香的葵花子味儿。

6. 压榨

将油料放入榨油机中，金黄色的油就流出来了。不过，第一遍出来的油存在很多油渣，所以叫毛油，不能直接食用。

7. 粗过滤

把毛油过滤一下，去掉油渣。

8. 精过滤

再过滤一遍，让油变得更纯净。

9. 结晶

通过滤纸和滤布低温过滤，去除葵花子油中磷脂和非磷胶质等易析出的成分，保证油的纯度，同时也将香味再次提升一个等级。

10. 质检

从油中抽取出一部分作为检验样本，按照国家要求检验合格的油，即可面市啦！

11. 灌装

流水线上，机器正在将压榨好的油精准地装入瓶中，并加盖密封。

12. 贴牌

在油桶上贴好美美的商标牌，我们是"爱心牌"葵花子油，欢迎选购哦！

你知道吗？

很久以前，古人在烹饪肉类的时候，发现肉类能够析出油脂。后来，经过多次尝试，他们慢慢掌握了如何提炼和使用动物油。一直到榨油技术诞生，人类才开始食用植物油。

动物油与植物油有何异同呢？

动物油和植物油均属于脂肪类，为人体活动提供所需能量。区别主要在于：

1. 营养成分不同

植物油主要含不饱和脂肪酸，动物油则主要含饱和脂肪酸。不饱和脂肪酸能降低血中的胆固醇，而饱和脂肪酸则不能。另外，植物油中含婴幼儿生长发育所需要的必需脂肪酸较多，动物油中相对较少。

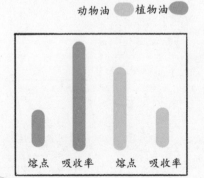

动物油　植物油

熔点　吸收率　熔点　吸收率

2. 消化率不同

植物油的熔点低，吸收率高，动物油则相反。

为了营养均衡和身体健康，在食用油的选择上，我们应该多吃植物油，少吃动物油。

压榨油和浸出油有什么异同呢？

压榨法和浸出法都是获取植物油的方式，压榨法是物理方法，浸出法是化学方法。压榨法是起源于传统作坊的制油方法，只是古代以人力为主，而现今的压榨法则是工业化作业。浸出法是利用化学原理，在油料中加入食用级溶剂，进而提取出油脂。与物理方法相比，化学方法的炼油率更高，是当代食用油企业的主流生产方法。

便捷卫生——一次性纸杯的制作

　　春节前的一个周末，奇奇的爸爸和妈妈一大早就开始在厨房里忙碌，因为他们邀请了好朋友到家里聚餐。奇奇受爸爸、妈妈热情好客的影响，也很喜欢热闹。于是，他帮着父母忙活起来，熟练地摆放碗筷、端菜、盛饭。家里的餐具不够了，他就拿出了一次性纸杯和一次性餐盘。临近中午，叔叔、阿姨们陆续来到家里，奇奇热情地端茶倒水，受到了大人们的一致夸赞！

　　奇奇摆放的一次性纸杯是怎么做的呢？一起看看吧！

原料：食品级木浆纸、食品级 PE 薄膜原料。

1. 加热

　　将食品级 PE 薄膜原料倒入淋膜机中进行加热。

66

2. 淋膜

淋膜机将塑料液体均匀地涂抹在食品级木浆纸上，待冷却后备用。

Tips：淋膜后的木浆纸已具备防水功能。

3. 切割

分切机按照预定的尺寸，将木浆纸切割成相同的小面积纸张。有扇形的，有圆形的。

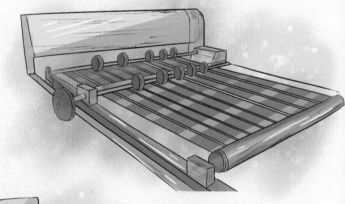

4. 排版

设计师提前设计好想要印制在杯体表面的图案。

67

5. 印刷

印刷机将图案印刷到木浆纸上。

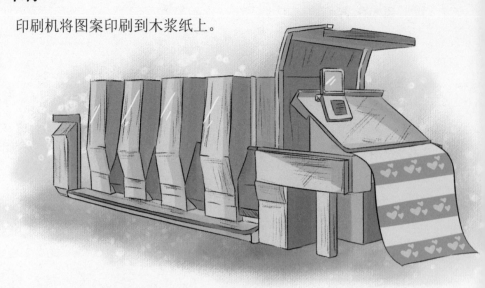

6. 模切

　　使用模切机将木浆纸切成等面积的扇形纸和圆形纸。

7. 消毒

消毒机对纸张进行消毒。

8. 成型

使用纸杯成型机将扇形纸和圆形纸加工合成到一起。

9. 质检

按照国家标准，对纸杯进行抽样检查。合格产品即可进入下一个程序。

10. 消毒

消毒机对纸杯进行灭菌消毒。

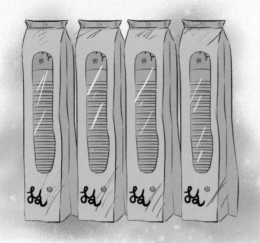

11. 包装

自动包装机撑起塑料包装纸，将固定数量的纸杯装入后密封好。

12. 运输

包装好的纸杯会运送到超市或需要纸杯的奶茶店、快餐店等。

你知道吗?

纸杯的分类

按照纸杯的用途，可分为冷饮杯和热饮杯。冷饮杯主要用于装冷饮，为防止纸杯软化，表面经过喷蜡或浸蜡处理，安全使用温度为 0～5℃。热饮杯主要用于装热饮，可耐受的温度较高，纸杯内外涂有食品级 PE 薄膜。冷饮杯和热饮杯要严格区分使用，使用不当容易导致有害物质的挥发，进而影响人体健康。

使用纸杯的注意事项

纸杯在公共场所十分常见，家庭聚会时也常常使用。纸杯在使用时要注意：

1. 一次性纸杯不能重复使用，容易传染细菌和疾病。

2. 一次性纸杯不宜用温度较高的热水长时间浸泡，容易导致纸杯内壁上的化学物质溶解，影响身体健康。

3. 不论哪种一次性纸杯都不要装高于100℃的液体。

4. 一次性纸杯不宜装含有酒精类的饮品。因为酒精的浸透力比较强，容易导致纸杯壁上的化学物质渗漏。

5. 纸杯的保质期一般为三年左右，存放时间过长或受潮发霉的纸杯不可使用。

纸杯的发明

一次性纸杯是由美国人休·摩尔发明的。当时，他的弟弟发明了纯净水自动售卖机，但大家不愿用自己易碎的陶瓷或玻璃杯装水，因而售卖机销量并不好。为此，休·摩尔创造出了不易碎的轻便纸杯。此后，一次性纸杯逐渐成为我们日常的生活用品。

请你观察饮品店的纸杯，看看杯体上印刷着什么内容，也试着说说纸杯除了装饮品之外，还有什么功能。

品牌传播

手工制作

蔬果伴侣——沙拉酱的制作

"我要吃蔬菜沙拉！"爸爸说。"我要吃水果沙拉！"奇奇说。

"蔬菜的好吃！更香！"爸爸据理力争。

"水果的好吃！更甜！"奇奇也理由充分。

虽然沙拉是全家人都喜欢的调味品，但不同的做法味道也不同，好在妈妈总是能同时满足爸爸和奇奇的要求。

原料：牛奶100克、蛋黄3个、玉米油25克、细砂糖12克、玉米淀粉10克、白醋8克。

1. 消毒

准备一个装沙拉酱的玻璃瓶，放到开水中煮5～10分钟，晾干后备用。

2. 配料

搅拌碗中加入蛋黄、细砂糖、玉米油、白醋和牛奶。

Tips：细砂糖不仅可以增加甜味，还有延长保质期的作用。玉米油可用其他淡味植物油替代，白醋可用柠檬汁替代。

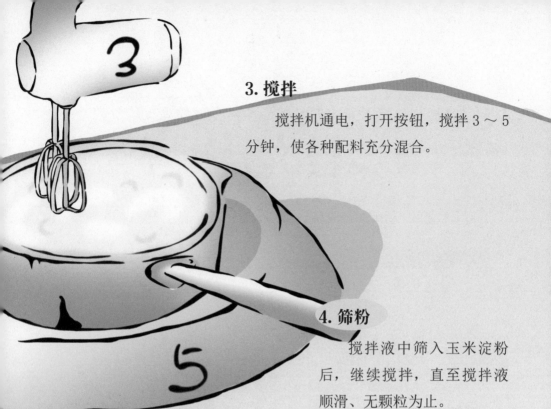

3. 搅拌

搅拌机通电，打开按钮，搅拌 3～5 分钟，使各种配料充分混合。

4. 筛粉

搅拌液中筛入玉米淀粉后，继续搅拌，直至搅拌液顺滑、无颗粒为止。

5. 加热

将搅拌液倒入锅中，小火熬煮约 6 分钟。要一边熬煮，一边搅拌，避免淀粉结块儿，影响口感。

6. 装瓶

搅拌液熬煮至顺滑、浓稠状态时，趁热倒入玻璃瓶中，并旋紧瓶盖。

7. 晾凉

将玻璃瓶倒置，自然冷却后，放入冰箱冷藏。

Tips：为什么要趁热装瓶呢？

沙拉酱趁热装入瓶中时，瓶子内部在外部大气压力的作用下，形成了一个相对密闭的空间。当温度冷却，瓶内水汽冷凝，蒸气压下降，半真空的状态就形成了。这样有助于沙拉酱保存的时间更长久。

超市中沙拉酱的做法，与家庭做法有些不同哦！

原料：植物油、鸡蛋、水、白醋、白砂糖、食盐、香辛料、乳化剂等。

2. 去壳

将鸡蛋打碎，去掉蛋壳。同时将蛋黄和蛋清分离，蛋黄取出备用。

1. 清洗

将鸡蛋放在水中清洗、消毒。

3. 配料

按照一定的比例，将除植物油、白醋以外的全部配料倒入真空乳化机混料罐内，开启搅拌按钮。

4. 加油

在搅拌的过程中，将部分植物油缓缓倒入乳化机中。

5. 加醋

将白醋全部倒入搅拌液中，然后再将剩余的植物油缓缓倒入搅拌液中。

6. 乳化

将搅拌液倒入乳化泵中乳化。乳化后的搅拌液就是沙拉酱啦。

7. 研磨

使用研磨机将沙拉酱进行研磨，确保沙拉酱的口感细腻。

8. 质检

质检员抽取样本，按照国家要求进行相关项目的检验。

9. 灌装

质检合格，开始灌装啦！贴上美美的标签，运送到超市喽！

你知道吗？

沙拉酱起源于欧洲，近十几年才在我国流行起来。沙拉酱一般分为肉类沙拉酱、蔬菜类沙拉酱和水果类沙拉酱，用于搭配不同种类的食材。

无论是水果沙拉还是蔬菜沙拉，都较大限度地保存了原料的营养成分。沙拉酱能够在食材的表面形成薄膜，防止营养成分流失。不过，沙拉酱是一种高热量、高脂肪、高胆固醇的食物。据统计，每15克沙拉酱中所含的热量约为418焦耳，相当于同等质量的米饭或面条的两倍。

夏日美味——冷面的制作

天气好热！天气预报说今天的最高温度将达 36℃。放学的路上，奇奇觉得走起路来一点力气都没有。

"妈妈，我回来了……"奇奇无精打采地向妈妈问好。"哦！先放下书包，喝点水吧。半个小时后开饭！"妈妈的声音从厨房传来。"我不想吃饭，太热了……"奇奇没有食欲。妈妈探出头来说："我知道天热，所以你猜我做了什么好吃的？冷面呀！保证你能吃一大碗！"

冷面是中国东北地区的著名小吃，也是朝鲜族的传统食品，以独特的风味而闻名。你知道冷面是怎么做的吗？一起看看吧！

原料：荞麦粉（或玉米面、小麦面、高粱米面）、玉米淀粉、食盐、牛肉、辣白菜、熟鸡蛋、西红柿、黄瓜等。

1. 备料

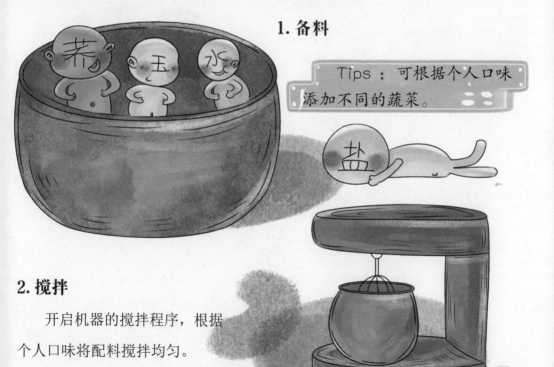

Tips：可根据个人口味添加不同的蔬菜。

2. 搅拌

开启机器的搅拌程序，根据个人口味将配料搅拌均匀。

3. 浸泡

成品面条可根据出机时间的长短用水浸泡，浸泡时间大约15分钟。

4. 控水

浸泡好的面条捞出控干水分，然后倒入少量食用油搅拌均匀，再加入调味料就可以直接食用。

Tips：应使用白开水浸泡面条。

5. 保存

做好的冷面可放在阴凉通风处保存。

Tips：刚做好的冷面，不要用热水煮。

冷面既可以做成凉汤的冷面，又可以做成热汤的温面。现在，来看看奇奇妈妈是如何做的吧！

1. 备料

熟牛肉切成大薄片，辣白菜切成段，熟鸡蛋剥皮纵向切成两半，西红柿切片，香菜切段，黄瓜切成丝。

2. 烫面

将荞麦冷面放入开水中烫
3～5分钟，使冷面变软。烫
好的冷面放入凉开水中冲洗。

3. 配料

碗中加入适量白砂糖、食
盐、酱油、醋、凉开水，搅拌
均匀。再将第一步准备的配料
全部倒入碗中。这时，一碗色
香味俱全的冷面就做好啦！

你知道吗？

朝鲜族自古就有每年农历
月初四全家一起吃冷面的习
期望家人健康长寿。冷面
辣白菜一样，经常出现在一
四季的餐桌上。最初的冷面
是使用制作辣白菜时的菜
周制的，口味酸、辣、鲜、香。
着工艺的改良，冷面汤中加
了更多的食材，成为今天餐
上冷面的模样。

切剁垫板——砧板的制作

奇奇的妈妈在厨房中忙碌地做着晚餐。"砰砰砰"，奇奇好奇地走进厨房，他看见妈妈正在砧板上剁排骨。奇奇想，砧板真结实，比骨头还要坚硬。

奇奇的妈妈使用的是一块长方形木质砧板，这是怎么做成的呢？一起去看看吧！

原料：橡木。

1. 划线

在一整块橡木上划出切割线。

Tips：木材十分珍贵。因此在划线之前，要明确一整块木材如何切割，才能保证不浪费木材。

2. 切割

使用电锯将橡木切割成块。

3. 打磨

使用双面砂光机将木板的两面打磨光滑。

4. 侧磨

使用侧面打磨机将木板
的四周打磨光滑。

5. 钻孔

使用钻孔机给木板打个圆孔。

6. 抛光

　　使用电动圆形抛光机细致地打磨砧板的两面。

7. 精磨

　　使用砂纸继续打磨砧板的各面。

8. 浸油

　　在砧板的各面倒上橄榄油，使用擦油布擦拭均匀。这样，一块漂亮的砧板就做成了！

Tips：橄榄油也可用椰子油、核桃油、棕榈油等替代。

砧板也叫菜板、切菜板，是切割或剁砸食物时，垫在底下的厨房用品。在饭店或酒店里，有专门负责切割食物的岗位，叫"切墩"。

砧板的材质

砧板的材质除了木质以外，还有竹子和塑料的。

砧板如何消毒

砧板是厨房中常用的用品，也是容易藏污纳垢的地方。首先食物中的细菌会残留在砧板上，比如切生肉、切生菜等。如果生熟食物混用一个砧板，砧板的细菌污染情况会更加严重。给砧板杀菌消毒，可使用如下办法：

1. 刮板。每次使用完砧板后，将板上的残渣刮干净。

2. 撒盐。每周在砧板上撒一层食用盐，用抹布涂抹均匀，既可杀菌，又有效防止砧板干裂。

3. 开水烫洗。用清水冲洗干净砧板后，再用开水烫洗。

4. 药物消毒。将漂白粉精片放入清水中（具体比例可参照漂白粉精片的使用说明）搅拌均匀，再将砧板浸泡在漂白粉水中半小时左右。

用餐工具 —— 筷子的制作

今天晚上，奇奇邀请外教老师 Jack 来家里吃晚饭。Jack 在中国生活了将近 10 年，已然成为一位中国通。奇奇发现，Jack 不仅说得一口流利的中文，对我们的民俗文化也十分了解。晚餐时，奇奇的妈妈特意为 Jack 准备了刀叉。没想到 Jack 说他更喜欢使用筷子，因为他觉得筷子使用起来非常方便。Jack 问奇奇，筷子是怎么做的呢？你知道这个问题的答案吗？跟着奇奇一起看看筷子的制作流程吧。

原料：红木。

1. 运输

货车将红木原木运输到工厂。

2. 锯板

使用电锯将红木纵向切割成厚度一致的木板。

3. 蒸煮

将木板放入木材蒸煮机中进行蒸煮。

Tips：蒸煮能够使木材软化，进而增加木材的可塑性和含水率，减少后续刨切工序的阻力。木材的硬度和厚度不同，蒸煮的温度和时间也不同。一般来说，硬度大的木材蒸煮的温度较高，厚的木材蒸煮的时间较长。

4. 烘干

使用木材烘干机将木板烘干。

Tips：烘干木材的目的是防止筷子出现变形、断裂等现象。同样道理，如果使用木材制作家具，也需要烘干步骤。

5. 取料

人工挑选出合适的木料。

6. 开条

使用开条机将木料切割成粗细相同的木条。

7. 裁切

使用定制机将木条分割成长短相同的小木条。

8. 打磨

将小木条的一端插入打磨机，磨圆。

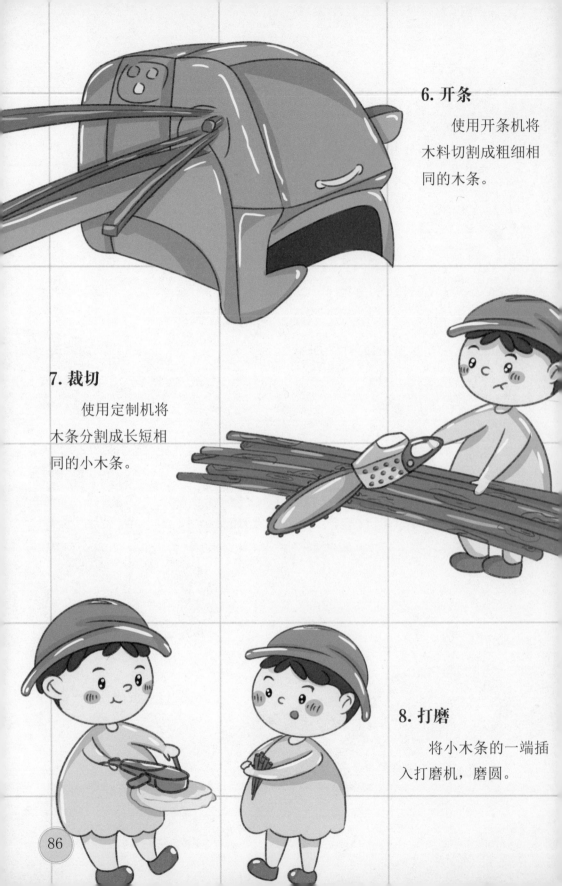

9. 上漆

使用筷子喷漆机给每根筷子喷涂清漆。

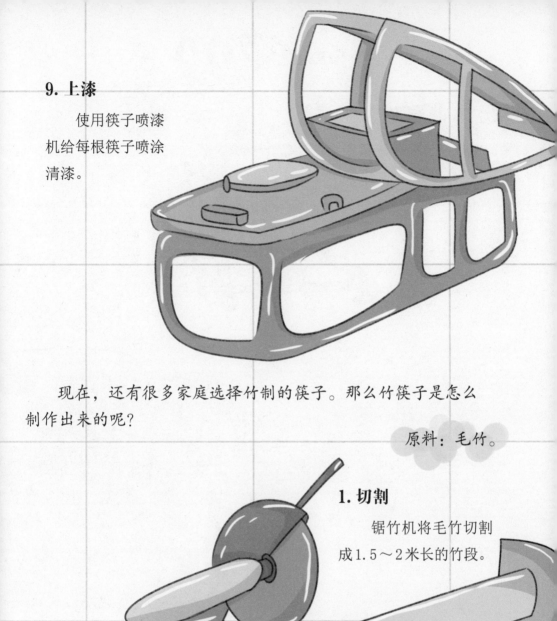

现在，还有很多家庭选择竹制的筷子。那么竹筷子是怎么制作出来的呢？

原料：毛竹。

1. 切割

锯竹机将毛竹切割成1.5～2米长的竹段。

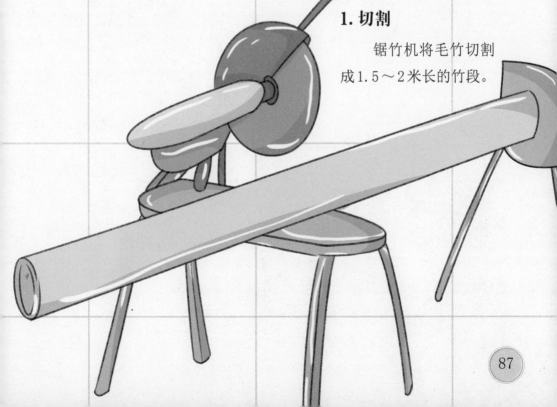

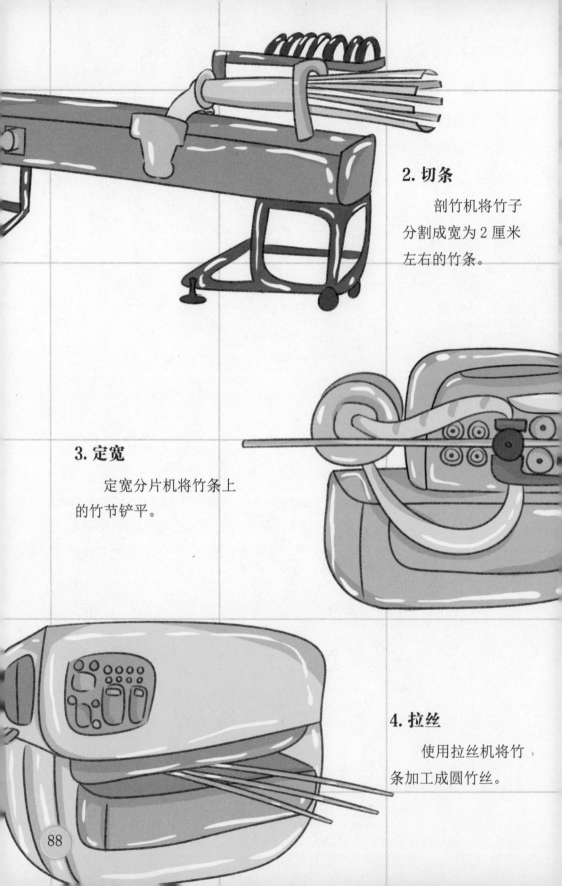

2. 切条

剖竹机将竹子分割成宽为 2 厘米左右的竹条。

3. 定宽

定宽分片机将竹条上的竹节铲平。

4. 拉丝

使用拉丝机将竹条加工成圆竹丝。

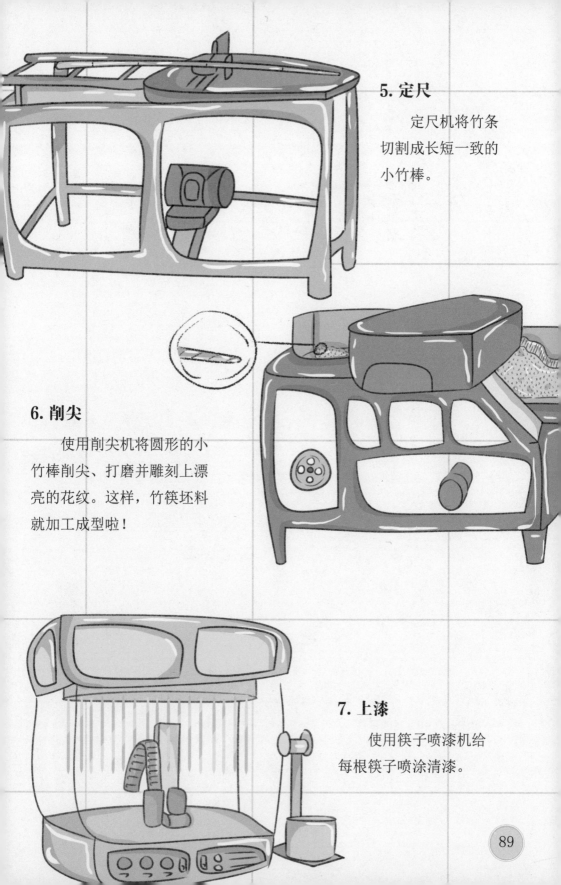

5. 定尺

定尺机将竹条切割成长短一致的小竹棒。

6. 削尖

使用削尖机将圆形的小竹棒削尖、打磨并雕刻上漂亮的花纹。这样，竹筷坯料就加工成型啦！

7. 上漆

使用筷子喷漆机给每根筷子喷涂清漆。

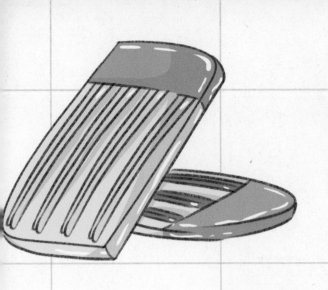

8. 质检和包装

无论是木筷还是竹筷，质检程序都是十分必要的。质检合格的产品，将被整齐地摆放到包装盒中，等待售卖。

你知道吗？

筷子是我国常用的餐具，通常由竹、木、骨、瓷、金属、塑料等材料制作而成。筷子是中华饮食文化的标志。目前，朝鲜、日本、越南的汉文化圈依然保留着使用筷子的传统。

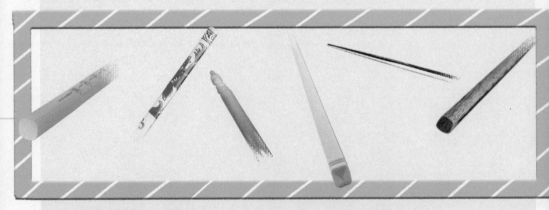

筷子的文化

我国使用筷子的历史至少有 3000 年。不同时代，筷子的名称各异。先秦时代，筷子被称为"梜"，汉代时被称为"箸"，明代开始被称为"筷"。筷子一头圆、一头方，象征着天圆地方。

红色筷子象征着喜气、福气。新婚夫妻会购买红色筷子，祭拜祖先也会使用红色筷子。

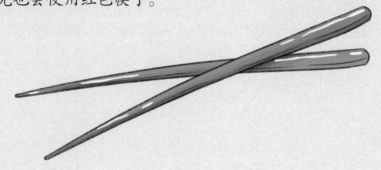

筷子使用礼仪

筷子的使用礼仪是中国餐桌礼仪文化的重要部分。比如，用筷子敲碗、用筷子比画、用筷子在饭菜中翻来翻去、将筷子插到饭碗中等都是不礼貌的行为。

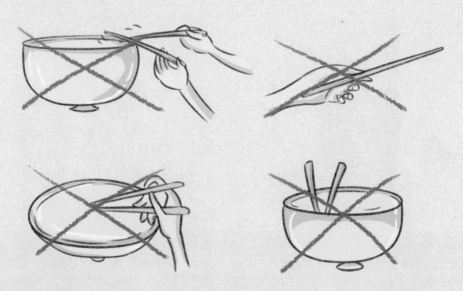

筷子的更换

筷子使用一段时间后，颜色会发生变化，这是材质本身的性质变化、洗涤或细菌堆积导致的，需要更换新筷。

酸酸溜溜——醋的酿造

　　奇奇刚刚结束期末语文考试。L博士问奇奇："考试发挥得怎么样呀？"奇奇答道："还好吧，只是有一道成语题我没想起来——争风吃醋。""哦？关于醋的成语和歇后语还不少呢！比如添油加醋、风言醋语等。"两个人热火朝天地聊起了醋文化。

　　我国是世界上谷物酿醋最早的国家，春秋战国时期便有了专门酿醋的作坊。汉代时，醋已进入千家万户。《齐民要术》中详细记载了从上古到北魏时期的22种制醋方法。现在的食醋，可分为酿造醋和配置醋。今天，我们就以镇江香醋为例，讲讲酿造醋的工艺。

原料：优质糯米、酒曲。

1. 浸泡

　　将糯米放入清水中浸泡20小时左右。（根据室温调节时间）

2. 冲洗

　　用清水反复冲洗浸泡好的糯米，然后放到箩筐中沥干水分。

3. 蒸煮　　锅底放入适量的水，将一定比例的糯米和水放入蒸盘中蒸煮。

4. 拌酒

将蒸煮后的糯米用凉水冲淋冷却后，拌入酒曲，并装入缸中，盖上盖子，密封保存。

TIPS：糯米要不焦、不粘、不夹生。

5. 发酵

把拌酒后的糯米装坛，冬、春季坛外加围麻袋或草垫保温，夏、秋季保持室温 25～30℃。24 小时后可闻到轻微酒香，36 小时后酒液渗出，色泽金黄，味甜微酸，酒香扑鼻。

6. 醋化

发酵3～4天后，糖分已经彻底溶化，酒精越来越多。当酒液开始变酸时，每50千克蒸米加入清水200～225千克，以降低酒液的酒精浓度，使醋酸菌进一步生长繁殖。

7. 成品

坛内醋化的时间因季节不同而长短不一。一般夏、秋季需20～30天，冬、春季需40～50天。醋液变酸成熟时，醋面会形成一层薄薄的醋酸菌膜，并有刺鼻的酸味。醋液上层清亮橙黄，中下层乳白略有浑浊，两者混匀即为白醋。在白醋中加入五香调料、糖色等，经沉淀过滤，即为香醋。老陈醋要贮存1～2年。

醋是一种烹饪时使用的液体调味品，是我国的传统调味料之一，古代称作"酢""醯""苦酒"等。

根据现有的文字记载，醋是我国古代劳动人民在酿酒的过程中发现的。相传，杜康发明了酒之后，他的儿子黑塔觉得酒糟扔掉可惜，就存放在缸里。到了第二十一天的酉时，他闻到一股扑鼻的香气。他顺着香气来到了保存酒糟的缸前，品尝了一口，味道十分酸甜可口。黑塔将二十一日和酉字结合起来，将这种液体命名为"醋"。

现在，食醋的生产方法分为酿造法和人工合成法。酿造醋是以粮食、糖、乙醇等为原料，通过发酵而成。人工合成醋是以食用醋酸、水、调味料、食用色素勾兑而成。我国著名的醋有镇江香醋、山西老陈醋等。醋具有消除疲劳、美容养颜等功效，但不适合过多食用，否则会损伤肠胃。

美味营养——蚝油的制作

这天，奇奇爸爸下班后在厨房忙碌起来。他买了螃蟹、龙虾和牡蛎等海鲜，计划做一顿海鲜大餐。"爸爸，你过来看看这道题怎么做？"奇奇爸爸放下手里的东西离开了厨房。过了一会儿，闻到糊味儿的妈妈紧张地跑到厨房。呀！原来是牡蛎煮糊了！

这次意外事件让奇奇想起蚝油的发明过程。你知道耗油是怎么制作的吗？一起来看看吧！

原料：牡蛎或毛蚶、砂糖、食盐、增鲜剂、增稠剂等。

1. 采集

采用鲜活的牡蛎或毛蚶。

2. 去壳

将牡蛎或毛蚶用沸水焯一下，使其韧带收缩，两壳张开，去掉壳，或凉后去壳。

3. 清洗

将牡蛎肉或毛蚶肉放入容器内，加入肉重的 1.5～2 倍的清水，缓慢搅拌，洗除附着于蚝肉或毛蚶肉身上的泥沙及黏液，拣去碎壳，捞起控干。

4. 绞碎

将清洗干净的蚝肉或毛蚶肉放入绞肉机或钢磨中绞碎。

5. 煮沸

将绞碎的蚝肉或毛蚶肉放入夹层锅中煮沸，使其保持微沸状态煮 2 小时，然后滤出汤汁备用。再次加水煮沸两个小时，滤出汤汁。将两次的煮汁合并到一个容器中。

6. 脱腥

在煮汁中加入汁重 0.5%～1% 的活性炭，煮沸 20～30 分钟，去除腥味，再次过滤，去掉活性炭渣。

7. 浓缩

将脱腥后的煮汁用夹层锅或真空浓缩锅浓缩至水分含量低于65%，即为浓缩蚝汁或毛蚶汁。为利于保存，防止变质，加入浓缩汁重15%左右的食盐，备用。使用时用水稀释，按配方调配。

8. 酸解

将煮汁后的蚝肉或毛蚶肉称重，加入肉重的0.5倍的水和0.6倍的20%食用盐酸，在水解罐中100℃下水解8～12小时。水解后在40℃左右用碳酸钠中和至pH值为5左右，加热至沸，过滤，滤液即为水解液。在水解液中加入0.5%～1%的活性炭，煮沸10～20分钟，补足失去的水分，过滤。

9. 配料

将八角、姜和桂皮等调味料放入水中加热，煮沸两小时左右，过滤。

10. 制调味液

将浓缩汁、水解液、砂糖、食盐、增鲜剂和增稠剂等分别按配方称重混合搅拌，加热煮沸，最后加入黄酒、白醋、味精和香精，搅拌均匀。

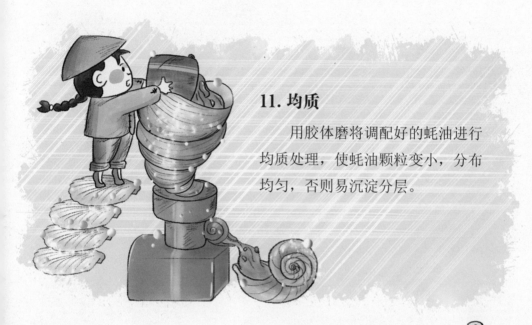

11. 均质

用胶体磨将调配好的蚝油进行均质处理，使蚝油颗粒变小，分布均匀，否则易沉淀分层。

12. 灭菌

将均质后的蚝油加热至85～90℃，温度保持20～30分钟，以达到灭菌的目的。

13. 装瓶

将灭菌后的蚝油装入预先经过清洗、消毒、干燥的玻璃瓶内，压盖封口，贴标，即为成品。

如何自制蚝油

1. 牡蛎洗净后直接放锅里，不放水，慢火煮。

2. 加入豆瓣酱、酱油继续煮，这样煮出来的耗油颜色漂亮，比平常的蚝油要咸点，易于保存。

3. 牡蛎可以捞出来吃了，汁留下继续煮。

4. 试下蚝油汁的味道，觉得味道合适后倒出，放凉后装瓶。

你知道吗？

蚝油是以牡蛎（也称蚝）为原料，熬制而成的调味料。蚝油起源于广东省，是广东菜中常用的传统鲜味调料。

据传，蚝油的发明源于一次偶然事件。十九世纪末，以出售煮蚝为生的广东人李锦裳因着急出门，忘了关掉煮蚝的锅。等他回到家时，远远地闻到了厨房传出来的鲜香。他揭开锅盖一看，锅内是一层浓稠的、棕褐色的汁液，鲜香扑鼻。他放到嘴里品尝，觉得美味无比。他突然间产生了一个想法——制作一种新的调味品。就这样，蚝油诞生了。1888 年，李锦记蚝油庄正式成立。

蚝油不仅能够给菜肴提鲜，还具有丰富的营养。蚝油含有多种微量元素和氨基酸，尤其富含锌。蚝油也富含牛磺酸，可提高人体的免疫力。蚝油既可以用于制作凉菜，也可以用于炒菜或煲汤。

请你找找看，厨房里有没有蚝油？

请你打开瓶盖，试试能否闻到蚝油的鲜味？

食品保鲜的秘密——
保鲜膜的生产流程

奇奇的学校要组织春游啦！奇奇很兴奋，妈妈很忙碌。一下班，妈妈就到超市采购了很多食材，她要为奇奇准备一顿丰盛的野餐！紫菜包饭、烤鸡翅、酱牛肉、蔬菜沙拉、水果拼盘，看着这些色香味俱全的美味佳肴，奇奇的口水都流了出来！奇奇帮妈妈将饭菜装入饭盒中，盖上盖子之前，妈妈还贴了一层保鲜膜，说这样保温和保鲜的效果更好。妈妈几乎每天都能用到的保鲜膜是怎么做出来的呢？一起去看看吧！

原料：聚乙烯、弹性体、防雾剂、白油等。

1. 原材料预处理

采购合格的原材料后，按照配方比例称重。

2. 加料

挤出机提前预热好，将聚乙烯等原料倒入机器的放料口。

3. 塑化

机器内部将全部原料融化成塑料液体。

4. 口模成型

机器将塑料搅拌液加工成塑料膜，塑料膜从出料口缓缓出来。

5. 吹胀

机器将塑料膜吹得又大、又薄。不同的材料要用不同的吹胀力度，否则塑料膜就会断裂。

6. 冷却

刚做好的塑料膜是很热的，要晾凉后才能继续操作。

7. 人字板牵引

把塑料膜放到人字板上牵引。这道程序有利于塑料膜进一步定型。

8. 卷曲

机器的中间放入一个空心的圆柱形纸筒，将塑料膜一点一点地卷起来。这与我们在超市中看到的保鲜膜差不多。

9. 质检和包装

质检员抽取保鲜膜作为检验标本，进行各项检验。合格的产品就可以包装出售啦！

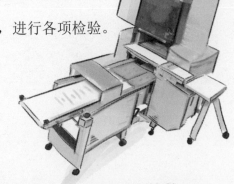

你知道吗？

保鲜膜是一种用于保存食物的塑料透明膜，是日常使用的厨房用品，它的作用主要有：

1. 隔离空气，防止食物氧化和污染。
2. 保留食物中原有的鲜味。
3. 防止食物中的水分蒸发。

日常生活中我们看到的保鲜膜主要有三种：

第一种是超市中售卖的家用保鲜膜，主要原料是聚乙烯，简称PE。

第二种是超市或面包店使用的保鲜膜，主要原料是聚氯乙烯，简称PVC。

第三种是火腿等熟食的包装保鲜膜，主要原料聚偏二氯乙烯，简称PVDC。

这三种原料中，PE的安全级别最高。PVC和PVDC中由于含有氯，存在着一定的健康隐患。无论哪种保鲜膜，在生产的过程中都不可避免地添加抗静电剂、热稳定剂等化学成分。因此在使用中，要尽量避免保鲜膜接触食物，并严格按照产品说明书使用。

耐用持久——不锈钢锅的生产流程

原料：不锈钢板。

1. 下料

选择符合要求的钢板。

2. 冲压

将不锈钢板固定好，启动冲床冲压成不锈钢坯材。

3. 剪板

根据设计图纸，使用不锈钢剪板机剪成规格统一的圆形钢板。

Tips：不锈钢板材冲压的厚度，决定成品的厚度。

4. 成型

使用冲压机将圆形的钢板固定住，启动机器冲压成型。

5. 抛光

使用不锈钢抛光机将盆的里外打磨抛光。

6. 打孔

使用打孔机在不锈钢盆的边缘打四个小孔。

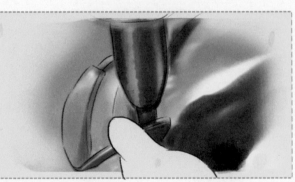

7. 加耳

使用螺丝将双耳固定。

8. 酸洗

将光亮的不锈钢锅放入酸洗钝化液中浸泡10分钟左右。

Tips：酸洗技术来源于日本。酸洗不仅能使不锈钢呈现均匀的银白色，还能在它的表面形成抗氧化膜，延长不锈钢的使用寿命。

Tips：洗涤后用pH试纸测试，酸碱度为 6 ～ 8 时即可。

9. 干燥

使用干净的擦布擦干或使用吹风机吹干锅体，就可以包装啦。

你知道吗？

19 世纪初期，人们掌握了炼钢技术。钢是一种质地坚硬的材料，非常适合铸造日常使用的工具。但那时候的钢并不是"不锈钢"。有一次，英国的冶金专家哈利·布诺雷想要用钢刀削苹果，却发现刀生锈了。于是他联想到自己新发明的不锈钢技术，可以应用到日常钢刀钢叉的制作。

后来，人们使用不锈钢制作厨具，如锅、盆等。

调味秘籍——鸡精的提炼

"奇奇，我需要帮助！"奇奇妈妈在厨房喊道。

"什么事，妈妈？"奇奇飞快地跑来。

"去楼下帮我买一袋鸡精去！"妈妈吩咐道。

奇奇一边下楼一边想，鸡精应该是鸡肉做成的吧！

你想知道鸡精是怎么做出来的吗？

快跟着 L 博士去鸡精工厂看看吧！

原料：优质鸡肉、食盐、香辛料、糖和香精。

1. 清洗　精选优质鸡肉，用清水冲洗干净，并切成肉丁。

2. 取汁　高压锅内放水，将鸡肉丁放入高压锅中高温烹饪。

3. 喷雾干燥　将高浓缩鸡汁倒入鸡肉粉喷雾干燥机，鸡肉粉就会从旋风分离器中喷洒出来。

4. 干燥　将食盐、糖和若干香辛料放入烘干机中进行干燥，去除原料中多余的水分。

5. 粉碎　将干燥好的原料放入粉碎机中粉碎成粉末。

6. 配料　按照一定的比例，将食盐、糖、鸡肉粉、香辛料和香精混合，搅拌均匀。

7. 制粒　将配好的原料，放入鸡精旋转制粒机。3分钟后，鸡精就做好了。

8. 干燥　将鸡精倒入振动干燥器内进行干燥脱水。

111

9. 筛选　将干燥好的鸡精倒入筛子，颗粒均匀的鸡精进入包装流水线。

10. 质检　质检员对鸡精抽样检查，根据国家要求，在实验室内对比各项数据。

11. 包装　产品合格，可以包装上市啦！

你知道吗？

鸡精和味精有什么异同？

鸡精和味精都是常用的食品增鲜剂。鸡精中含有的呈味核苷酸是一种增鲜作用十分明显的物质。因此，鸡精比味精的增鲜效果略好。味精中的增鲜成分主要是谷氨酸钠，是大米、玉米等粮食采用微生物发酵的方法提取出来的。谷氨酸钠是氨基酸的一种，也是构成蛋白质的主要成分。无论是鸡精还是味精，都不要加热到120℃以上，否则会产生对人体有害的物质。

北方美味——煎饼的制作

奇奇的爸爸去山东出差，带回来了一包包像纸一样的饼，爸爸说这是煎饼，是我国北方地区的传统小吃。"哦哦，我知道了，是学校门口卖的煎饼馃子的亲戚吧？""呃……"

现在，我们就来看看传统的煎饼是如何制作的吧！

原料：玉米（或麦子、高粱、谷子等粮食，也可以混合几种）。

1. 制碴

筛选颗粒饱满的玉米粒，放入大碴机中制成大粒玉米碴子。

计时开始

2. 浸泡

将玉米碴子中倒入清水，浸泡24小时。

3. 制粉

将玉米清洗干净，倒入玉米面加工机中，磨成金黄细腻的玉米面粉。

4. 煮熟

锅中烧开水，将玉米面粉缓缓倒入锅中，同时不停地搅拌，确保其中无颗粒。

5. 制糊

将浸泡好的大碴子和晾凉的玉米糊按照 3：2 的比例倒入多功能磨浆机中，细腻的液体慢慢流入到盆中。

6. 架设鏊子

简单的架设方法是用三块砖把鏊子撑起来，这样煎饼做完时可直接撤掉。如果是常年制作煎饼，则可以用硬泥糊成一个炉灶，并用风箱鼓风。鏊子架设好后生火。

Tips：农村一般用玉米秸或麦秸作为柴禾。生火与摊制煎饼往往需要两个人合作。鏊子烧热后，就可以摊制煎饼或滚制煎饼了。

7. 摊制

　　摊制的煎饼质地较好，十分轻薄。摊制之前，先在鏊子上面擦一遍油，这样易于煎饼与鏊子分离。用舀勺将面糊舀到鏊子上，用笆子将面糊沿着鏊子的中心向外摊圈，一般要摊几圈才能将面糊摊均匀。两分钟左右，用铲子沿鏊子边沿把摊好的煎饼铲起揭下。

　　Tips：只有高手才能摊制出非常薄的煎饼来哟！

8. 保存

　　新出锅的煎饼又脆又薄，非常好吃，但不易存放。因此，摊好的煎饼摞在一起时，每两张中间要均匀地喷洒一点水，然后再折叠存放。

　　Tips：煎饼放置阴凉处保存的时间较长。北方的农村，一般在秋冬之际摊出一个冬天的煎饼食用量。

你知道吗？

　　煎饼的历史悠久，据说已经有5000多年的历史。传统的煎饼是玉米等粮食经水充分泡开后，研磨成糊状，摊烙在鏊子上而成，原料多为粗粮。现在我们吃的煎饼，有一部分采用细面，其工艺也较传统方法更为简单。煎饼中含水量较少，看起来像一张张牛皮纸，口感筋道，较耐饥饿。吃煎饼要长时间咀嚼，因而可生津健胃，提高食欲，促进面部肌肉运动。现在，煎饼的制作原料更加丰富，红枣、芝麻、枸杞等配入煎饼中，提高了煎饼的营养价值。煎饼也衍生出了更多的吃法，比如菜煎饼、煎饼馃子等。

不一样的香肠——广式腊肠的制作

这半年，奇奇的爸爸工作很忙，他常常要去全国各地参加医学研讨会。这周日，他刚从南方的一座城市出差回来，照例给奇奇带了当地的特产。这次爸爸带回来的是看起来皱皱巴巴、像脱了水似的小香肠，爸爸说这是广式香肠。奇奇刚想尝一口，爸爸说这个不能直接吃，需要煮一下。煮完的小香肠味道很特别，有点微甜、微咸，奇奇觉得十分美味。你知道这种小香肠是怎么制作而成的吗？一起来看看吧！

瘦肉

肥肉

肠衣

1. 精选瘦肉

精选经检疫合格的新鲜猪瘦肉、猪大排和猪后腿肉。

原料：
猪肉（瘦肉和肥肉）、肠衣、糖、食盐、料酒、酱油。

猪大排

猪后腿

Tips：新鲜的猪肉一般为淡红色，肉质柔嫩，这样的肉制作出的香肠才会在色泽和味道上达标。

用力

2. 剥膘

将瘦肉上的肥肉剔除。

Tips：如果瘦肉中有肥肉，香肠在烘烤时会出油，不利于长期保存，也影响香肠口感和品质。

3. 拆骨

将肉中的骨头剔除，做到肉上无碎骨、骨上不带肉，肉块儿完整。

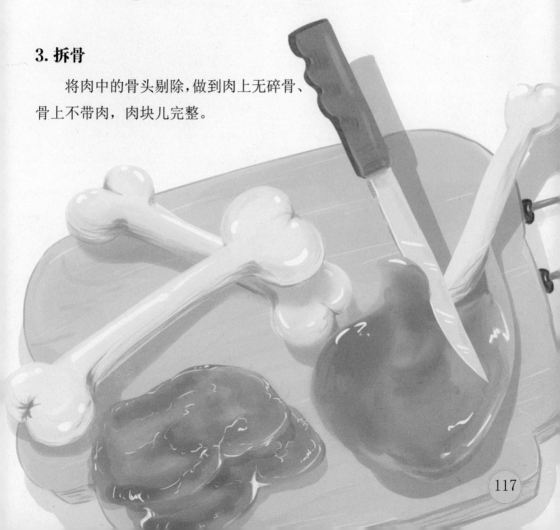

4. 修整

将肉上的淋巴、淤血、硬筋等杂质剔除。

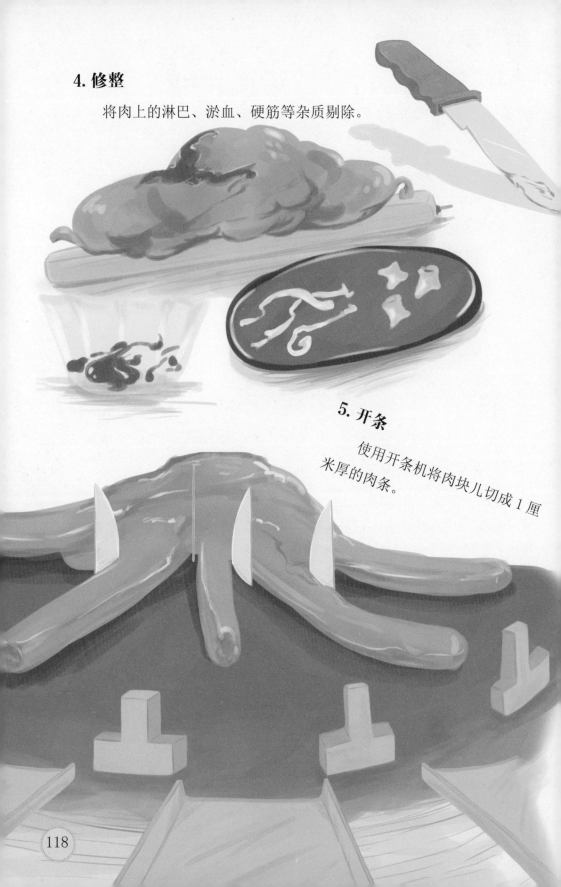

5. 开条

使用开条机将肉块儿切成 1 厘米厚的肉条。

6. 漂洗　容器内放满清水，将肉条放入水中浸泡半小时。

Tips：浸泡时要按时翻动，以便漂洗掉肉中的血水，使肉的颜色变淡。

7. 切丁

使用切肉机将肉条切成1厘米的正方体肉丁。

1. 精选肥肉

　　精选新鲜的猪大排或后腿的肥肉，厚度1厘米以上，脂肪组织较软为佳。

厚度<1厘米

×

太硬

×

较软

厚度>1厘米

√

2. 漂洗

　　使用40℃左右的温水漂洗肥肉表面，除掉污渍和杂质。用食物剪刀将较大肉块剪切成小块。

水温40℃

40℃

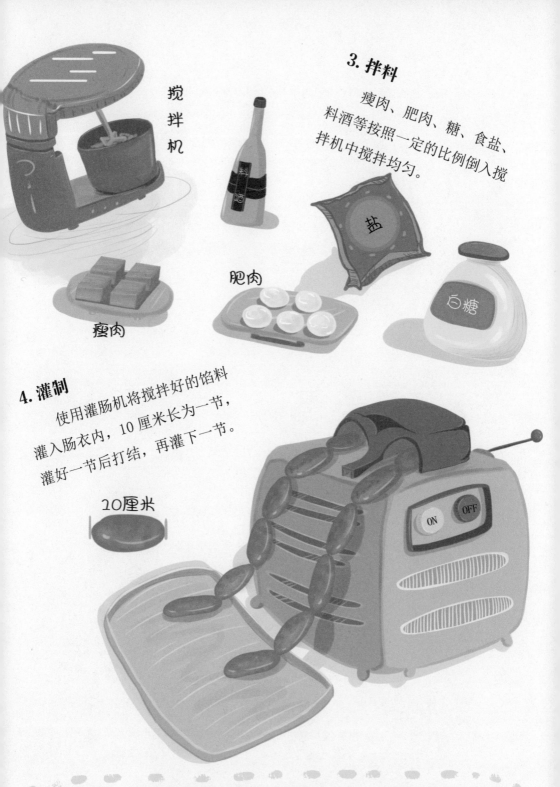

3. 拌料

瘦肉、肥肉、糖、食盐、料酒等按照一定的比例倒入搅拌机中搅拌均匀。

搅拌机

盐

白糖

瘦肉

肥肉

4. 灌制

使用灌肠机将搅拌好的馅料灌入肠衣内，10厘米长为一节，灌好一节后打结，再灌下一节。

10厘米

ON OFF

Tips： 搅拌好的肉馅要及时灌制，否则会影响香肠的口感。灌制时，要注意首尾结头处不要灌制太多馅料。

5. 扎孔

使用牙签在灌好的香肠上扎孔，将香肠内的空气排出，防止成品出现空洞。

6. 挂绳

使用塑料绳将几根香肠捆绑到一起，便于后续风干。

7. 漂洗

使用清水漂洗肠衣外的油和料液。

8. 烘焙

将香肠均匀地挂在烘房内烘干，定时翻动。

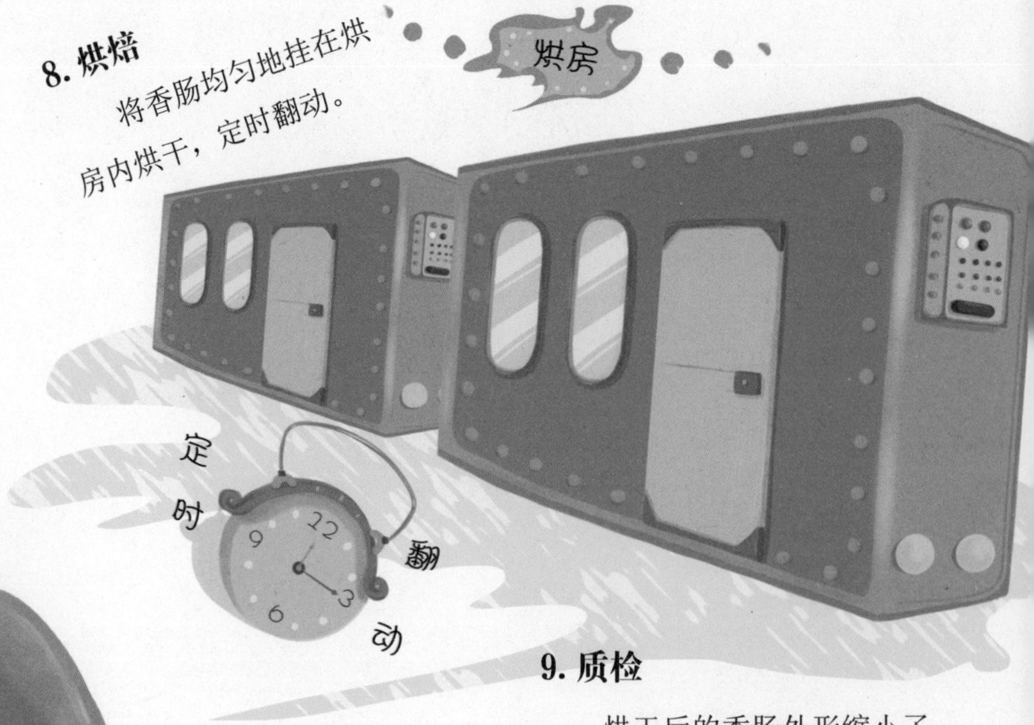

烘房

定时

翻动

9. 质检

烘干后的香肠外形缩小了很多。质检人员按照国家相关要求进行检验，合格者即可包装、出售啦！

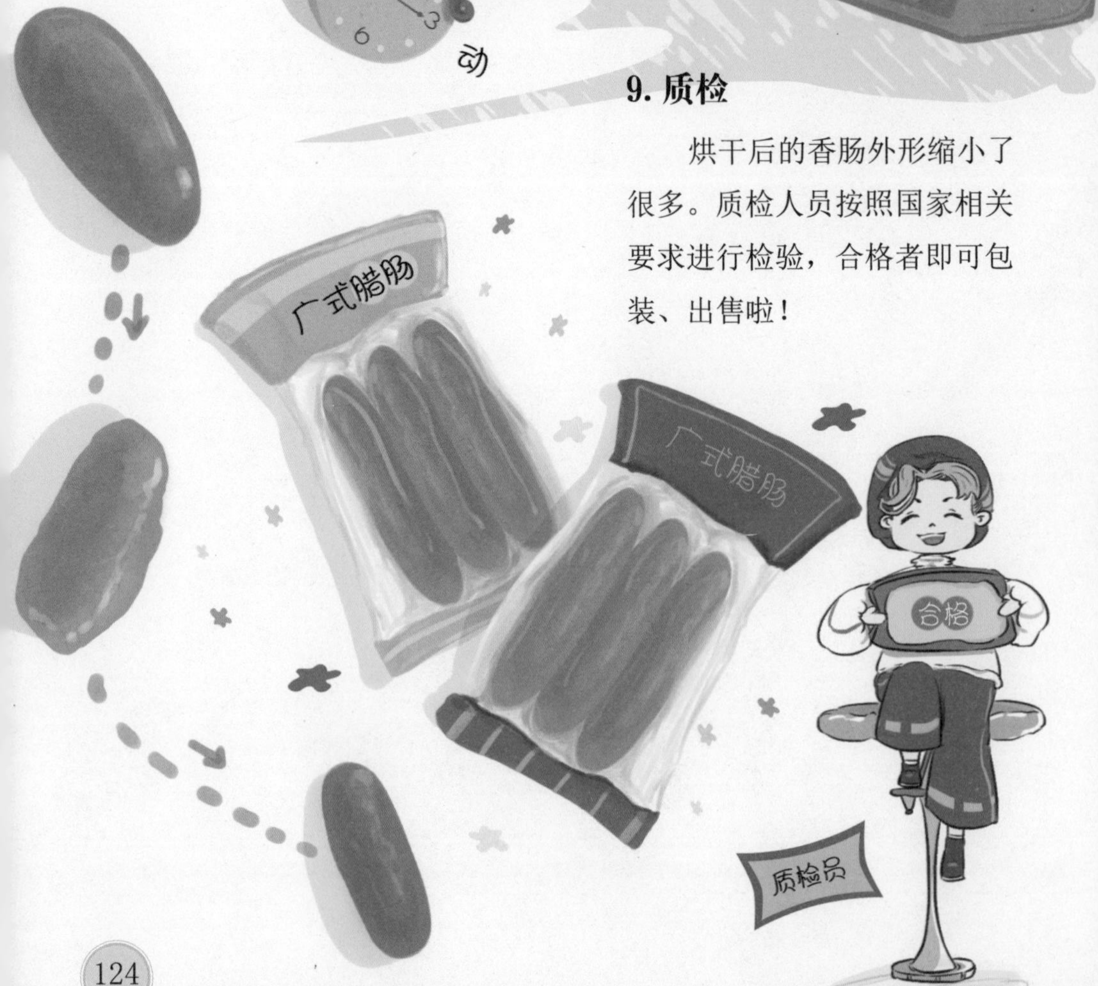

广式腊肠

广式腊肠

合格

质检员

广式腊肠是肥、瘦猪肉配以糖、料酒等辅料，灌入天然肠衣或人造肠衣，经过烘烤而成的肉制品。广式腊肠的风味独特，皮薄肉嫩，鲜美可口。

据史料查证，我国的腊肠制作始创于南北朝以前，在《齐民要术》中就有"灌肠法"的记载，这种灌肠法领先于很多国家，是中华传统特色食品之一。现在，广式腊肠不仅是南方人的日常食品，也广受北方人的欢迎，如腊肠饭、腊肠烧卖等。

什么是肠衣？

广式腊肠的肠衣分为天然肠衣和人造肠衣。

天然肠衣是动物的肠体经过洗涤、去脂、分选等工艺加工而成的。

人造肠衣是牛皮胶原蛋白和纤维素经过机械和化学程序制作而成，营养成分不如天然肠衣。

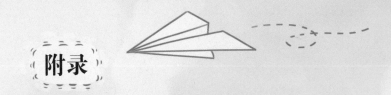

附录

1. 第10页：发酵

发酵是人类较早发现的一种生物化学反应，是细菌和酵母等微生物在无氧条件下，酶促降解糖分子产生能量的过程。简单来说，就是有机化合物在微生物的作用下分解成了简单的物质。发酵一般是在常温常压下进行，所用的原料以淀粉、糖蜜等为主，发面、酿酒等都是发酵的应用。

酵母是一种广泛分布于自然界的单细胞真菌。它能将糖发酵成酒精和二氧化碳，在有氧和无氧条件下都能够存活，是一种天然的发酵剂。

2. 第18页：酸碱度

酸碱度亦称氢离子浓度指数、酸碱值，是衡量溶液中氢离子活度的一种标准，一般用pH值来表示。p代表浓度，H代表氢离子。

pH值 < 7 为酸性，pH值 = 7 为中性，pH值 > 7 为碱性。

3. 第33页：硫熏技术

硫熏技术又称熏硫法。在制糖的过程中，通过燃烧硫黄产生的二氧化硫对砂糖进行漂白。在食品加工方面，国家允许使用二氧化硫漂白果干、果脯、蜜饯类等食品，但对其残留量具有明确的规定。如想避免从糖中摄入二氧化硫，可以将糖进行加热，使二氧化硫挥发掉，进而减少二氧化硫对人体的伤害。工业上常用二氧化硫漂白纸浆、小麦秸秆等。

4. 第34页：晶体

晶体是大量微观物质（如原子、离子、分子等）按照一定的规则有序排列而成的物质，它们一般是自然凝结的、不受外界干扰而形成的、具有规则几何外形的物质。晶体具有固定的熔点，在熔化过程中温度始终保持不变，这也是区分晶体和非晶体的重要依据。自然界中的盐、糖、冰、金刚石、石英等都是晶体。

5. 第44页：毛霉菌

毛霉菌又称黑霉、长毛霉，是菌类的一个大属。毛霉菌具有较强的分解蛋白质的能力，会引发食物霉变。毛霉菌遍布于土壤、粪便、禾草及空气中，在高温度、高湿度以及通风不良的条件下生长良好。毛霉菌的用途十分广泛，可用于制酒、制药和制作腐乳等。

6. 第46页：红曲霉

红曲霉，菌落最初为白色，老熟后可变成淡粉色、紫色、灰黑色、红色，大多为红色。红曲霉可用于酿酒、制醋，也常作为豆腐乳的着色剂和调味剂，也可以用来腌渍鱼、肉、豆腐等高蛋白食品。

7. 第55页：煅烧

煅烧是指经持续的高温，物质中分子结构的内在张力得到缓和，使之能够适应在塑形过程中不断增强的力量，并变得更加结实。例如，玻璃经过在窑中的煅烧及慢慢冷却，可使其强度和硬度提高。为了达到更好的效果，有些金属需要重复煅烧。不同的材质煅烧之后的冷却方式也不同，有的需要慢慢冷却，如玻璃和钢等，而有的则需要迅速冷却，如铜和铁等。

8. 第97页：活性炭

活性炭是一种经过特殊处理的炭，制作流程具体分为两步。第一步：炭化。将有机原料（果壳、煤、木材等）在隔绝空气的条件下加热，以减少非碳成分。第二步：活化。炭化后与气体反应，表面被侵蚀，产生微孔发达的结构。

活性炭的固体表面可以对水中的一种或多种物质进行吸附，以达到净化水质的目的。活性炭的吸附能力与活性炭的孔隙大小和结构有关。一般来说，颗粒越小，活性炭的吸附能力就越强。

活性炭可用于处理各类污水、吸附水汽等。

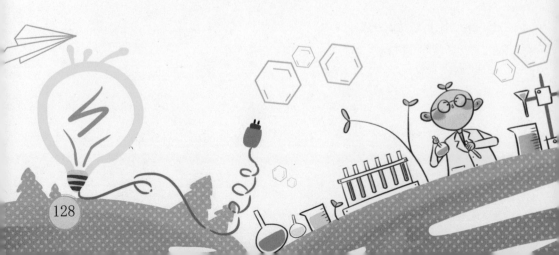